U0256521

观赏稻

——亦花亦稻

戴红燕　华劲松　著

中国农业出版社

北　京

图书在版编目（CIP）数据

观赏稻：亦花亦稻/戴红燕，华劲松著． —北京：
中国农业出版社，2021.7
ISBN 978-7-109-27983-4

Ⅰ.①观… Ⅱ.①戴…②华… Ⅲ.①观赏植物-水
稻栽培 Ⅳ.①S511

中国版本图书馆CIP数据核字（2021）第038110号

中国农业出版社出版
地址：北京市朝阳区麦子店街18号楼
邮编：100125
责任编辑：郭银巧　王琦璙
版式设计：杜　然　责任校对：刘丽香　　责任印制：王　宏
印刷：中农印务有限公司
版次：2021年7月第1版
印次：2021年7月北京第1次印刷
发行：新华书店北京发行所
开本：787mm×1092mm　1/16
印张：10
字数：250千字
定价：120.00元

著者简介

戴红燕（1968.08—），硕士，研究员，现任教于西昌学院，凉山州学术和技术带头人后备人选，冕宁县第二批突出贡献拔尖人才，中国遗传学会会员，四川省作物学会会员，四川省原子能农学会理事。大学毕业后扎根凉山民族地区30年，主要从事特色作物育种和栽培技术研究，现研究重点为观赏稻资源创新和栽培应用。主持和参与省州科研项目22项，获省州科技进步奖7项，获国家授权专利2项，公开发表学术论文80余篇，主编和参编专著5部，参与选育作物新品种9个。

华劲松（1970.01—），硕士，研究员，毕业于四川农业大学作物专业，现任教于西昌学院。中国遗传学会会员，四川省作物学会会员，四川省原子能农学会会员。主要从事小杂粮、特种稻等特色作物遗传育种和栽培技术研究。主持和参与省、州科研项目23项，获州级以上科技进步奖5项，获国家授权专利2项，公开发表学术论文80余篇，主编和参编专著4部，选育作物新品种6个。

PREFACE 序

　　世界杂交稻之父袁隆平院士有禾下乘凉梦。我也有一个关于稻的梦，那就是水稻像花儿一样美丽！

　　2004年第一次看到不是绿色的稻株，那紫褐色和白绿条纹的稻叶，黑色和褐色的稻穗，有颜色的稻芒以及高高矮矮的植株，我是多么惊讶！但是惊叹过后又感觉美中不足：叶色和穗色过于暗淡，观赏部位单一，植株易倒。如果叶片、颖壳和稻芒的颜色再鲜艳一点，如果芒再长一点，如果不同的叶色和不同的颖色以及芒色组合起来，如果把稻种在花盆里，如果……

　　从那以后，观赏稻驻入心中，并开始进行观赏稻种质资源创新与选择。起初别人不理解，水稻是种来吃的，科学家研究的都是优质高产，种来看太另类了，之前很长时间申请不到项目经费，而且还要完成其他的科研任务，只能利用休息时间开展研究。一路走来，感慨万千，炎炎夏日，烈日当头，三十几度的高温，别人在空调房、树荫下，而我们却是在试验田中挥汗如雨。有时也觉得太累太辛苦，但看到或素雅或艳丽的稻叶和稻穗，就忘却了疲惫，每当出现一个新的色彩性状或观赏点组合，会兴奋很久，我们坚信，努力的付出一定会有回报。

　　如今，看着这些色彩斑斓、姿态各异的稻株，无比欣慰，我的梦越来越清晰了！

戴红燕

2020年11月18日

FOREWORD 前 言

　　在我国大力发展休闲农业和乡村旅游业，扶持乡村休闲旅游产业发展政策的引导下，各地相继制定了推进一二三产业融合发展，拓展农业多种功能，发展农村文化创意，促进休闲农业和乡村旅游提档升级，农区向景区转变等措施，国内多地通过在稻田中种植各种不同叶色的水稻勾画出精美彩色图案，致力于打造乡村休闲农业新的观光旅游点，吸引大量游客前往观赏，带动农民增收，促进乡村振兴，观赏稻也因此被越来越多的人知晓。

　　观赏稻是稻株在生长过程中，叶片、叶鞘、颖壳、稃尖、护颖、稻芒等部位在色泽、形态以及株型等方面与普通稻有明显差异且具有较好观赏价值的一类专用稻。观赏性是现代农业赋予粮食作物水稻的一种新的功能，也是现代农业新的经济增长点，其最大看点就是色彩丰富、形态多样，观赏性好，若将其错落有致地设计编排种植，从分蘖到成熟，一望无际的稻田画让乡村田间美不胜收。用观赏稻制作的景观在装扮城市、美化湿地等方面也具有独特优势，也可作为花卉在庭院阳台种植，彩色的稻叶和稻穗作插花扮靓家居。与传统的观赏性植物相比，观赏稻还可收获稻谷。

　　现代社会越来越多的人远离农业和农村，观赏性的农业元素能拉近我们与自然的距离，因此，作为人们回归自然的一种主要生态旅游形式的乡村旅游迅速发展。为了提升乡村旅游业的质量和档次，以观赏性水稻为代表的新元素加入已成必然，并呈快速发展的态势。

　　本书写作基础主要来源于课题组选育和收集的观赏稻种质资源在西昌种植的性状表现和研究内容，集十余年的研究成果；阐述观赏稻的由来与兴起，综述观赏稻研究、应用现状；以图文并茂的形式，从静态、动态和多观赏点组合以及颜色搭配等方面分析观赏稻的观赏特性；介绍多个观赏稻资源的观赏特性和栽培技术，并提出多种应用途径和发展建议。书中大部分图片为课题组研究过程中拍摄，单独注明图片来源者除外。在研究过程中得到了凉山州科技计划项目（编号：18YYJS0100）、西昌市科技计划项目（编号：17JSYJ2-16）、西昌学院"两高"人才项目（编号：LGLZ201909）、凉山州学术和技术带头人培养资金资助项目（编号：ZRS201903）的经费支持。

研究过程中得到了西昌学院蔡光泽教授等众多老师的帮助和鼓励、深圳凤翔文化传播有限公司的大力支持，以及参与课题研究的西昌学院历届农学专业学生的协助，在此表示诚挚的感谢！由于笔者学识和研究水平有限，错误及不足之处在所难免，恳请同行和读者批评指正。

著　者

2020 年 11 月 8 日

CONTENTS 目 录

第三章　观赏稻品种 ·············65

第四章　观赏稻栽培技术 ……………………………………………… 123

第五章　观赏稻发展与应用 ……………………………………………… 135

Part 1 ─────────────

第一章　观赏稻概述

当前，我国农业发展正处于由传统农业向现代农业发展的转型时期，呈现出一个丰富多彩的农业时代。人们发现，农业不仅具有生产性功能，还具有改善生态环境质量，提供休闲、观光、度假等功能。近些年作为人们回归自然的一种主要生态旅游形式的乡村旅游和休闲观光农业得以迅速发展，各地相继制定了推进一二三产业融合发展，拓展农业多种功能，发展农村文化创意，促进休闲农业和乡村旅游提档升级，农区向景区转变等措施，辽宁、黑龙江、河北、湖南、广西、四川、江苏和上海等地通过在稻田中种植各种不同叶色的稻株勾画出精美图案，致力于打造乡村休闲观光旅游点，吸引了大量游客前来观赏，带动了农民增收，促进了乡村振兴，观赏稻也因此被越来越多的人知晓，观赏稻对促进观光农业和乡村旅游发展的重要作用已逐渐被大众接受。

一、水稻形态特征及可观赏性

（一）形态特征

水稻属禾本科稻亚科稻属一年生植物。稻株由根、茎、叶、花和果五大器官构成。稻根属须根系，呈胡须状，短而多，不定根较发达；稻茎直立，因分蘖而有多条茎，高度不等；稻叶二列互生，长而扁，线状披针形，叶脉平行，中脉明显；稻穗为圆锥花序，由许多小穗组成，排列较疏松，结实小花由一个内稃（颖）、一个外稃（颖）、一枚雌蕊、六枚雄蕊、两个鳞（浆）片组成，开花时花丝伸长将花药推出稃壳（颖壳），雌蕊受粉后子房发育成颖果（稻米），有的稃尖伸长为芒，稃壳上有稃毛覆盖（图1-1）。

稻穗

稻叶

稃毛

颖果

稻茎

稻根（在土壤中）

稻株

稃尖

花丝

花药

颖壳

开花稻穗

稻芒

稃尖

护颖

颖壳

颖果（稻谷）

图1-1　水稻植株、开花稻穗和稻谷

（二）可观赏性

水稻作为传统的栽培作物，具有浓郁的乡村气息和地方本土特色，是最常见的乡土植物。在水稻生长过程中，其株型及叶片、稻穗等部位表现出来的色泽、形态都具有观赏性。目前全世界大概有超过14万种的稻，绝大多数都是以收获稻谷为目的，为了获得高产，培育的水稻品种在植株外形和色泽上都极为相似，即稻株多为绿色，茎秆直立，株型紧凑，株高多在80 ～ 120cm，观赏性状单一。

观赏稻作为稻属家族中的一类，具有多种叶色、穗色和特殊的形态，如稻叶呈现绿色之外的其他丰富多彩颜色（图1-2）；茎秆也有紫、褐、绿等多种颜色，虽然茎多被叶鞘包裹，但茎的长短决定稻株高度，株高很矮或很高，都会立刻吸引人们的好奇和关注（图1-3）；五彩缤纷的颖壳、稻芒、稃尖和护颖是重要的观赏部位（图1-4）。此外，稻株姿态各异的株型也具有较好的观赏性，就连平常长在土壤中不可见的稻根，如果在透明容器用营养液进行栽培，细而多的白色根须同样具有一定的观赏价值（图1-5）。

图1-2　多种颜色的稻叶

图1-3　不同株高的观赏稻

图1-4　不同颜色的稻穗　　　　　　　图1-5　细而多的稻根

观赏稻按其观赏部位可以分为三种类型，即观叶型、观穗型及观株型。观叶型主要以观赏叶片为主，包括稻叶颜色不同于普通的绿色，以及叶片姿态特异，呈现卷曲、披弯等一类观赏稻；观穗型主要以观赏稻穗为主，包括稻穗颜色艳丽，以及稻穗形态特异，呈现很长或很短、直立或下垂等一类观赏稻；观株型主要以观赏株型为主，包括稻株高大或矮小、株形丰满、形态婀娜等具观赏价值的一类观赏稻。

二、观赏稻释义

（一）观赏稻定义

观赏稻作为特种稻中的一个分类在我国始见于21世纪初。赵则胜主编的《中国特种稻》中未提及观赏稻，直到2007年在他的论文《特种稻研究与利用》中才首次提出了"观赏水稻是指利用水稻种质资源，通过基因重组、基因突变等育种手段，培育出株型、叶型、叶色、穗型、穗色具有观赏价值的专用水稻"的定义，而方浩俊对观赏稻的定义是"专指叶色、穗型、株高、株型、籽粒等不同变异具有一定观赏价值的稻"。本书著者通过十多年的研究，将观赏稻定义为"稻株在生长过程中，叶片、叶鞘、颖壳、稃尖、护颖、稻芒等部位表现出色泽、形态以及株型等方面与普通稻有明显差异且具有较好观赏价值的一类专用稻"，而人们常见的普通稻是指大面积生产以收获稻谷为目的、稻株颜色为绿色的稻。

有人将"观赏稻"称作彩色稻或观光稻，但普通水稻的绿色也是一种色彩，同时也有人将有色稻（米）称为彩色稻，因此彩色稻用词不准确，还易混淆。而观光稻中的"光"是指由众多稻的群体构成的风光，对于单个稻株及其某一部位的近距离观赏不太恰当，所以观赏稻更为准确和贴切。

（二）双解观赏稻

"观赏稻"有两种理解，一是"观赏稻"作为名词，特指专供观赏的稻，有别于普通水稻，其颜色、形态以及生长动态具有观赏价值。这一概念还可延伸，将能让人有美的感受的稻皆可纳入观赏稻之列，如具有强劲长势给人以蓬勃生机的稻株，随风摇曳给人以丰收喜悦的稻穗。二是"观赏稻"作为动宾词组，从心理学的角度理解，观赏是令观察者主观上愿意接受的视觉信息加工，引发其产生良好情绪情感体验的心理活动过程，因此可理解为用欣赏的眼光和心态去观看稻的色泽、形态和生长。这里所指的稻也包括普通的稻株，其展示的美有很多，只要心情好，观看的角度适宜，苗期娇嫩的幼苗、分蘖期彩色的稻叶、拔节期株高的快速增长、破口期稻穗的俏皮形态、抽穗扬花期彩色稻穗的出现、灌浆期穗色的变化、稻芒的多姿多彩以及成熟期的喜悦，都能使人得到美的享受。

三、观赏稻由来及兴起

（一）观赏稻由来

我国是水稻起源地之一，野生稻资源丰富，其表型性状与现有推广品种差异很大，如稻株很高或很矮，茎有粗有细，分蘖多，株型多样，基部叶鞘呈紫色，结实率较低，易落粒，多有芒，芒色白或红，颖壳色由绿到紫灰，果皮有色等。水稻是一种多型性植物，在复杂的气候条件和地理环境下，把野生稻驯化为栽培稻的过程中，在不同的环境条件下繁殖后代，必然会不断分化和演变，产生丰富多彩的水稻类型，其中就有叶色和株型多样、株高差异显著、叶紫色、穗有芒、芒有色、颖壳色紫灰、果皮褐色等性状。在粮食匮乏的年代，人们需要的是高产的品种，因此这些具观赏价值但结实率低、产量低、株型松散、抗倒伏能力弱、易落粒和有芒等性状的水稻不被关注，带有这些表型性状的遗传基因逐渐被人们淘汰，选育和推广的水稻品种植株性状趋于相似，人们看到的多是绿色、中高、紧凑、无芒的稻株。随着农业科技和经济的发展，人们不仅解决了温饱问题，精神生活也更丰富，稻叶多色、株高特异、株型披散、稻穗鲜艳及不同色泽的稻芒等性状的水稻的观赏价值得到体现。虽然"观赏稻"概念是近些年才出现的，但观赏稻作为稻种资源是早已存在的。

（二）观赏稻兴起

观赏稻兴起的时间不长，最先利用观赏稻的观赏性状并将其应用于观光的国家是日本。1993年，日本青森县田舍馆村的当地农民种植不同叶色的稻株，在稻田中绘出多幅图画，作为夏季水田观光，吸引广大游客前来欣赏，给当地农民带来了可观的经济收入。同时日本也是开展观赏稻育种较早的国家，已成功培育出多个有色稻穗的观赏稻品种，并将有色的稻穗用作花卉进行插花，甚至以盆栽或花艺形式来装扮环境和家庭。韩国在观赏稻资源研究方面也起步较早，并育成了部分新品种，在忠清北道槐山郡等地也有稻田绘画的报道。

我国随着人民生活水平的提高和旅游业的发展，受日本稻田画的启示，2010年以来，在沈阳沈北新区、海南三亚、浙江湘家荡、广西宾阳、江苏常州市曹山以及台湾省等多地

都有稻田绘画的报道。观赏稻作为休闲观光农业重要元素在促进乡村旅游发展方面得以快速发展。

四、观赏稻与普通稻的差异

首先，种植目的不同。普通稻是人们重要的粮食作物之一，以生产稻谷为目的。观赏稻是具有观赏价值的稻，以观赏为主要目的，而且作为园艺花卉较大面积种植供观赏的同时，还能收获稻谷，在一定程度上缓解了用地矛盾。

其次，农艺性状有明显差异。普通稻株以绿色为主，在接近成熟时逐渐变为黄色，株高多在80～120cm，叶片夹角较小，株型紧凑，抗病抗倒力强，稻穗无芒，结实率高，产量高，糙米多为黄白色，生育期适中。而观赏稻则在表型上具有多样性，其叶片、叶鞘、颖壳、释尖、稻芒和护颖等部位可呈现白、黄、绿、粉、红、褐、紫和黑等色系且有多种颜色组合，株型可紧凑也可松散，叶型可直立也可披弯，植株越高或越矮更能体现其特异性，穗可有芒，且芒越长越多其观赏性越强，作鲜切的观穗材料可不抗倒伏，生育期长短皆可，结实率和产量不作要求。观赏稻与普通稻主要农艺性状差异如表1-1。

表1-1 观赏稻与普通稻主要农艺性状差异

性状	叶色	穗色	株高（cm）	株型	叶型	叶夹角	稻芒	生育期	倒伏性	结实率	产量
普通稻	绿	绿—谷黄	80～120	紧凑	直立	小	无芒	适中	抗倒	高	高
观赏稻	多种色彩	多种色彩	20～200	紧凑—松散	直立—披弯	小—大	无芒或有色彩的芒	极早熟—极晚熟，可不成熟	抗—不抗	低—高	低—较高

第三，用途不同。普通稻作为粮食满足人民生活需要，主要供人们食用，也有少部分作为饲用，而观赏稻作为农作物和观赏植物的集合体，主要用于观光农业、休闲农业、景观制作、阳台庭园花卉、插花及稻草工艺品，同时也可食用。

五、观赏稻作为观赏植物的优势

观赏稻是具有较好观赏价值的稻，可归于观赏园艺植物中。与传统的观赏性植物相比，观赏稻还可收获稻谷，且在促进观光农业、城市装扮、湿地美化和景观制作等方面具有独特的优势。

1.可水作，也可旱作。 观赏稻种植方式灵活，种植区域宽，可在水田、湿地、沟河边及浅水域利用浮床种植。

2.利用方式多。 观赏稻植株高矮、形态和色泽多样，可利用株高相近、叶色不同的稻株种植出平面彩色图案，也可利用不同高矮、株型和颜色的稻株打造立体景观，还可利用叶和穗颜色差异明显的稻株制作变色画用来独立造景或与其他观赏植物搭配造景。

3.种植方式灵活。观赏稻除了在自然环境中生长，还能在设施环境中进行盆钵栽培、无土栽培、管道栽培、立柱栽培和植物墙制作等，甚至可反季节种植。

4.观赏时间长。集观叶和观穗性状的稻株观赏时间可达3～4个月，能有效降低制作成本，提高经济效益。

5.生态效益好。观赏稻作为水生植株，大面积种植可以在防洪除涝、净化水源、缓解水体富营养化、回灌地下水、湿地生态保护等方面起到较好的作用。

六、观赏稻研究现状及存在的主要问题

（一）研究现状

日本在观赏稻研究和应用方面起步较早，佐藤光研究发现由叶绿体突变引起的水稻叶色变化可分为白化苗、黄化苗、白绿苗、白色碎纹斑叶、淡绿叶、黄绿叶、横向斑状叶、横向黄色条纹叶、纵向白色条纹叶、绿黄叶、退色叶和霜降卷叶等12种；Yoshimura等研究发现控制叶色丝状黄变、条纹白变、紫色遗传基因，而深紫叶、紫穗、红穗则是花色素源（C）、花色素活性基因（A）、花色素稃尖分布遗传基因（P）和紫叶（Pl）复数遗传基因等的相互作用结果；叶片（鞘）的遗传由多基因控制，并按基因的组合呈现由浅到深的变化。在品种选育方面，相继育成了筑紫赤糯、红浪漫、朝紫、奥之紫、北海281、关东195、秋田糯67、奥羽观278、关东观207、西海观246和奥羽观279等品种。观赏稻应用最多的是制作稻田画，有色的稻穗也常作为花卉进行插花或盆栽在花店出售。

近年来，我国也相继有了一些观赏稻相关研究报道。蔡光泽介绍了日本观赏水稻的育种及栽培应用；黄萌、范晶、谢成林、李春龙、杨刚华等进行了生育时期（分蘖期、拔节期、抽穗期、开花期、成熟期和收获期）、苗情动态（基本苗、最高苗、有效穗）、色彩（芒色、叶色、颖壳色、糙米色）、抗病性、抗倒性、株高、穗长、穗粒数、千粒重、产量等农艺性状比较；王艳平等从江苏省农业科学院粮食作物研究所保存的太湖流域1 500份水稻地方品种中挑选出22份叶片、稻穗颜色或株型特异材料；浦田惠子等对引进的21个彩色稻（有色稻）资源进行了生育期、产量及叶色等农艺性状的综合比较，选出3份叶色鲜艳的材料；方浩俊、张现伟、魏云华等在观赏稻应用方面提出了园林景观、城市广场、街头绿化、农园观光、景观设计、小型盆栽、切花插花等建议；朱丽娟等开展了光照对紫叶观赏稻生长影响的研究。

在品种选育方面，2014年台湾省农业试验所嘉义试验分所培育出10个彩色稻新品种，2019年浙江大学育成浙大粉彩禾、浙大黑彩禾、浙大银彩禾3个观赏稻观叶类品种，并通过浙江省主要农作物品种审定委员会审定。西昌学院创制了一批新的叶色和穗色以及多观赏点组合的观赏稻新材料，并开展了部分环境因素对观赏稻生长影响以及延长观赏时间、盆钵栽培、再生栽培等技术研究。

在观赏稻生理生化研究方面，李育红、欧立军、王军、张红林、刘贵福、何颖红、王立丰、王洋等多位学者开展了水稻叶色突变研究，利用自然突变、物理化学诱变和插入突变等得到了多个水稻叶色突变体，如黄化叶、白斑叶、白条纹叶、黄绿相间等，但研究应用主要是基因定位、叶绿体结构、光合调控机制和杂交育种性状标记等方面。有关紫叶稻的研究方面，黄友明、余显权、曾大力、赵福胜、彭长连、王强、石帮志、孙灿慧和朱丽娟等研究了紫稻花色苷含量和稳定性，紫叶稻遗传的特异性及其在诱导孤雌生殖中的价值，紫叶稻、绿叶稻与 F_1 光合色素的差异及其产量的关系、杂种 F_1 产量优势分析，紫稻、紫茎遗传及其在育种中的应用，紫色叶片的抗光氧化作用和功能叶光合特征研究以及栽培生理等。

（二）存在的主要问题

1.品种资源匮乏，种质创新和资源应用不足 由于育种目标的单一性和新品种大面积的推广，原有的许多地方品种已难以收集，这其中不乏具有观赏价值的稻种资源，造成我国观赏稻资源原始积累贫乏，目前研究和应用的材料部分来自国外，但随着各国对资源的保护力度加大，国外引种难度加大。因此，匮乏的基础育种材料和狭窄的遗传多样性，导致我国观赏稻种质创新不足，育成的品种很少且性状单一，多为叶色观赏类，如浙江省主要农作物品种审定委员会审定的3个观赏稻品种均属此类，其叶色分别呈紫、粉、白，而对其他观赏性状选育的品种报道极少。在品种审定方面，除浙江省外，其他省份无相关审定标准，将观赏稻归为园艺花卉还是农作物，尚需作出界定。

2.研究内容单一，缺乏系统理论研究 国内仅有的观赏稻文献中，其研究内容多为资源的收集和农艺性状的比较，有关观赏稻观赏性的论述也多与国外学者观点相似，而对观赏稻环境适应特性、遗传多样性及分子生物学、栽培技术等内容少有涉及。

3.配套栽培技术研究缺乏，观赏价值评价尚为空白 配套栽培技术研究是充分挖掘观赏稻观赏价值和生产潜力、提高经济效益的重要途径。观赏稻品种大多茎秆较细，植株偏高，若采用现有普通水稻的高产栽培方法，常致其倒伏或色泽变化而丧失观赏价值，而且影响产量。同时，由于观赏稻的研究尚处于初期阶段，目前国内缺乏对资源观赏性状评价体系，无法对各种观赏稻资源进行科学合理的评价，也不能准确提出适宜的应用途径，学者们在育种目标的设置和育种亲本的选择上比较盲目，难以选育出具有高观赏价值的新品种。

4.应用途径单一，未充分利用其观赏特性 虽然观赏稻有其独特的观赏优势，但在国内应用主要是稻田绘画，所利用的观赏性状仅为叶色，多为紫色、黄色、绿色和少量的绿白色、紫红色，被应用的特性很少，而且目前利用的观赏稻资源多为中高秆，在灌浆中后期常发生倒伏，影响观赏和产量。在景观栽培、制作干花、稻草手工艺品、插花和盆栽等方面实际应用极少。

七、促进观赏稻研究建议

（一）加强对观赏稻资源收集、评价和保护

我国虽是稻的起源地之一，但随着良种的推广，大量地方稻种资源逐渐消失，因此应加强对观赏稻资源收集、评价和保护，将传统方法与现代科学技术相结合，开展对具有

观赏价值稻种资源表型性状的鉴定，寻找相对应基因，通过遗传多样性研究，选择在生态和性状差异大的观赏稻资源构建核心种质库，对资源进行保存，促进观赏资源的有效利用。

（二）加大种质资源创新力度，完善品种审（认）定办法

针对现有地方观赏稻资源普遍存在产量低、色泽不够艳丽、易倒伏、观赏点单一、抗性较弱等不足，在种质资源创新上注重观赏性与高产优质相结合，多个观赏性状相结合，如抗倒伏力强，抗病性强，芒长大于4cm，叶色、颖壳色和芒色鲜艳明亮，糙米有色或具香味或具某一营养功能，聚合2个及以上观赏性状，以及具一定的稻谷产量等列入创新（育种）目标中，这样的新资源才具有高观赏价值和适应多种应用途径。在观赏稻品种审定办法制定方面，建议将观赏稻归为园艺花卉类，以观赏性状为主，对稻谷产量和品质不作硬性要求。

（三）加快观赏稻栽培技术研究

观赏稻的栽培技术与以粮食生产为目的的种植技术有很大的差别，观赏稻研究的主要目标是延长观赏时间和增强观赏性的同时兼顾产量和品质。观赏稻有多种利用途径，其栽培技术应因株型和应用途径不同而异，关键技术差异极大，如大田栽培、盆钵栽培、景观栽培、反季节栽培、设施栽培、无土栽培、水上栽培、旱地栽培等。此外，要加快在稳定观赏性前提下提高稻谷产量和品质的栽培技术研究。根据不同用途，研究适宜的栽培技术，才能充分发挥观赏稻的资源优势，提高其观赏价值，延长观赏时间，拓宽应用途径。

（四）注重色彩变化机理研究

颜色是观赏稻最重要的性状，有白、粉、粉红、玫红、鲜红、深红、黑红、紫黑、褐色和黄色，颜色变化多样，或匀色、或变色、或多色、或混色，色彩或斑状、或条状、或点状。同一品种在不同生育时期、生长环境或生长年份色泽也有差异。这些控制色彩及其变化的机理以及如何人为掌控颜色变化有待深入研究。同时还需研究鲜穗保鲜保色和干穗复色技术，让美丽的稻穗为我们的生活添彩。

（五）制定观赏价值评价体系

观赏稻颜色和形态多样，而人们因年龄、性别、职业、文化修养、个人喜好等差异，对同一品种性状评价不一，应研究提出一套科学的评价方法，并以此指导观赏稻品种的资源创新和应用，满足大众的审美需求。

（六）拓展观赏稻应用途径

一是深化观赏稻在农田观光乡村旅游中的作用；二是细化观赏稻景观应用功能，将其用于园林景观设计、城市绿化等方面；三是优化观赏稻种植技术，研究设施栽培、小型盆栽、鲜切花和干花制作等，让观赏稻走进百姓生活；四是开发稻作旅游产业，以观赏稻为主，将看、学、玩、吃、购等集于一体，形成稻作旅游产业。

Part 2 ————

第二章 观赏稻特性及观赏

观赏稻——亦花亦稻

观赏稻的观赏特性主要表现在稻株的色彩、形态和动态变化。在色彩方面，观赏稻的叶和穗都可呈现出不同于绿色的颜色，如白、黄、紫、褐、粉、红、橙等，以及不同叶色和穗色的组合，色彩非常丰富。在形态方面，通过稻株的姿态展现，如植株高矮、株型紧凑松散、稻叶长短宽窄曲直、稻穗和稻芒的长短曲直等。在动态变化方面，主要表现在抽穗开花时姿态、色泽和株型的变化，风吹摇曳时的动感等。因此，既可把观赏稻作为一个静止的物体观赏某一时间点的色泽和形态，也可连续地观赏稻株在生长过程中色泽和形态的变化。观赏稻分为观叶型、观穗型和观株型等3种类型，不同类型的观赏稻，其观赏特性不同（图2-1）。

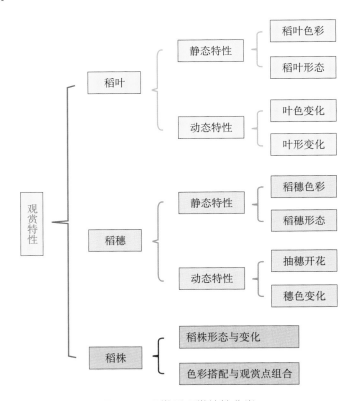

图2-1　观赏稻观赏特性分类

一、观叶型观赏稻

（一）静态观赏特性

1. 稻叶色彩　稻叶是由叶片、叶鞘、叶舌、叶耳、叶枕5个部分组成（图2-2）。最能表现色彩的是叶片，其次是叶鞘，它们占稻株表面积最大，生长时间最长。观叶型观赏稻稻叶色彩丰富，呈现出不同于普通水稻绿色的其他颜色，如黄绿、金黄、白绿、淡黄绿、粉红、绛红、橙红、绿底紫斑、绿紫、紫褐和紫红以及彩色叶脉等。

稻叶呈现黄绿、金黄、白绿和淡黄绿是由于水稻叶色突变形成的。Awan将水稻叶色突变体细分为白化、黄化、浅绿、绿白、白翠、黄绿、绿黄和条纹8种类型，突变体的叶色变化与生育时期有关，多数水稻叶色突变体在苗期表现，进入四叶期后叶片恢复绿色，具有这样突变体的水稻不能用于观赏，在生育中期表现出叶色突变的突变体水稻可以用于观赏，也有一些突变体在营养生长期叶色变异表现不明显，进入生殖生长期才有突出表现，这一类突变体的水稻也能用于观赏。此外，水稻叶色突变受环境温度、光照时间和光照强度影响大，有可能存在同一品种在不同区域环境、不同年份、同一地点不同播种时间及同一块大田中的不同位置种植，其突变色的表现时间和表现程度有差异。

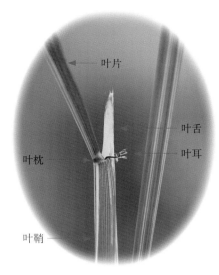

图2-2　稻叶结构

稻叶呈现紫绿、紫褐、紫红、粉红、褐红、橙、绿底紫斑和彩色叶脉，主要是由于在叶片的上下表皮细胞、泡状组织和刚毛细胞中存在有花色素苷。pH、辅色素、花色素苷所带的羟基数、羟基甲基化的程度、糖基化的数目、种类、连接位置以及与糖基相连的脂肪酸或芳香族酸的种类和数目等因素都会影响到颜色的表达，因而使叶片呈现出五彩缤纷的颜色。

（1）**黄色稻叶**　黄色稻叶包括黄绿色和金黄色稻叶。

①黄绿色稻叶。稻叶黄色明显（图2-3，图2-4）。出苗后叶色即为黄绿色，并在整个生育时期保持黄绿色。在不同生育时期和稻株不同叶片以及一片稻叶的不同部位，颜色略有差异，但差异不明显。

图2-3　黄绿色稻叶

图2-4　三种叶色对比（左上：白绿色，右上：绿色，下：黄绿色）

②金黄色稻叶。稻叶色泽分布不均匀，下部为黄绿色，越往上绿色越淡、黄色越浓，整株远看呈金黄色（图2-5，图2-6）。

图2-5　金黄色稻叶

图2-6　金黄色与黄绿色稻叶对比（上：金黄色，下：黄绿色）

（2）白（黄白）绿色稻叶　　稻叶叶色突变形成白斑叶、白条纹叶等白绿色系列色彩。白色出现的部位有的只在叶片，有的在叶鞘和叶片上同时出现。叶片中、上部白色面积所占的比例简称"白比"（株叶间因相互遮挡，一般看不到叶片下部），白比从10%～80%及以上不等（图2-7、图2-8）。白比小于10%的稻叶近似于绿色，白比低的往往以细条纹状出现，并随着白比的增加，呈现白绿相间条纹，白比大于80%的稻叶近似于白色。部分水稻品种在三叶期之前会出现叶色全白（黄白）的白化苗（图2-9），但在种子养分耗尽后死亡，三叶期之后没有叶色全白的稻株。

图2-7　不同白色比例的稻叶

图2-8　不同白色比例的稻株

（左上：白比70%，右上：白比60%，左下：白比40%，右下：白比20%）

白比低于20%，观赏特性不明显，白比高于70%，稻叶叶绿素含量低，光合营养物质少，稻株体瘦弱，抗性差，叶片易干枯，甚至整株衰亡（图2-10），影响观赏。因此，稻叶白比在40%～60%比较适宜，观赏特性突出，稻株长势相对健壮。

图2-9　逐渐死亡的水稻白化苗

图2-10　长势弱的高白比稻株

一片稻叶上白色和绿色分布多不均匀，大致规律为在叶鞘和叶片下部（近叶鞘）绿色较多，而越接近叶上部（近叶尖）绿色越少、白比越大，绿色呈斑点或线状分布，叶沿则多为绿色。叶鞘多呈绿色或绿白相间条纹（图2-11），且白比低于叶片。

图2-11　绿白条纹叶鞘

因品种差异，有些白绿稻叶中的白色呈现为黄白色，叶片同时存在明显的绿色和黄白色，且两种颜色能明显区分（图2-12，图2-13），这是与黄绿色稻叶的区分特征。其他颜色分布和植株生长等特性与白绿稻叶相似。

图2-12 黄白色稻叶

图2-13 黄白色稻株

（3）**粉色稻叶** 包括粉晕稻叶和粉红稻叶。

①粉晕稻叶。在白绿叶的基础上，叶片的中上部呈现淡粉色。白比高的呈粉白色，白比较低的呈粉绿色（图2-14）。

图2-14 粉白稻叶和粉绿稻叶

②粉红稻叶。稻叶粉色有浓有淡，浓呈现粉红，淡呈现粉白，绿色也有深有浅，呈现出绿色至褐绿色（图2-15）。叶片中、上部粉色面积所占的比例（简称"粉比"）有大有小，粉比大的叶片整体粉色，只有叶边沿为褐绿，粉比小的叶片上部为粉色。在颜色分布上也有差异，有的粉色分布比较均匀，有的色素聚在一团成斑状（图2-16）。在一片稻叶上粉色主要表现在叶片的中上部，下部所占比例较小（图2-17）；有的主叶脉颜色较浓偏红；阳光照射时间长的叶面粉色浓于背光面。粉色浓和粉比较高的叶片，叶鞘也呈粉红或褐红与绿色相间条纹（图2-18）。

图2-15　不同粉比的稻叶

图2-16　不同粉色的稻叶（1～4：均匀粉色，5～8：斑状粉色）

图2-17　粉色在稻株上的分布

图2-18　粉红色叶鞘

（4）**绛红色稻叶**　叶色绛红，多表现在稻叶的中上部，新长出的稻叶由绿快速转为粉紫红，并随着生长颜色逐渐变为绛红，叶片中上部中脉及周围的绛红色保持时间较长（图2-19），叶鞘近黑褐色。

图2-19　绛红色稻叶

以上白绿、黄白绿、粉红、绛红和粉晕稻叶在其色泽分布上，一般绿色和紫黑等深色泽在叶下部、叶脉、叶沿和叶鞘比例较高；白色、黄白、绛红和粉红色在叶片的中部和上部比例较高。在一片叶中脉两侧色彩的分布也不完全对称，常表现为一侧色较浓，一侧色较淡，或一侧偏绿或褐，而另一侧偏粉红或白。

（5）**橙色稻叶**　新长出的稻叶由黄绿色转为橙红色，在阳光照射下色彩鲜亮。随着叶片生长，色彩变为橙黄色，叶鞘色彩相比更浓。橙色在叶片上的分布不是很均匀，但差异不显著（图2-20）。

图2-20　橙色稻叶

（6）**紫褐色稻叶**　有的稻叶颜色呈紫中带褐，新长出的叶片带点绿色，整体色彩比较均匀（图2-21）。有的稻叶紫中带红，叶片的中上部和下部老叶以及生育后期红色表现更明显（图2-22）。

图2-21　紫褐色稻叶　　　　　　　　　　　　　　　　图2-22　紫红色稻叶

（7）绿紫色稻叶　稻叶色彩绿中带紫，主要有两种类型，一种绿色明显，紫色为淡紫，略带粉。新长出的叶为绿色，然后逐渐变为淡紫绿；另一种稻株下部叶片和叶鞘为紫色，中部叶片为绿底紫晕，上部叶片近似于绿色，叶沿、叶脉和叶鞘紫色清晰（图2-23）。

（8）绿底紫斑稻叶　叶片色彩以绿色为主，上面着生紫色斑块或紫晕，主要分布于叶片上部，叶背面紫色分布较正面多，叶沿和叶脉紫色较深（图2-24）。

图2-23　两种类型的绿紫色稻叶　　　　　　　　　　图2-24　绿底紫斑稻叶

（9）黑褐色稻叶　稻叶色彩呈深褐至黑褐色，新叶从绿色变为黑（深）褐色较快，整株叶色比较均匀（图2-25）。

图2-25　黑褐色稻叶

（10）**彩色叶脉** 稻叶叶脉与叶片颜色迥异，色彩对比明显。叶脉色多为粉、紫和红色（图2-26）。

图2-26 彩色叶脉

（11）**彩色叶舌** 多数水稻的叶舌为无色透明状，但也有部分水稻品种的叶舌呈现出紫黑和紫红色，或与叶片和叶鞘形成明显的色彩差异（图2-27）。

图2-27 不同颜色的叶舌

总的来看，观赏稻叶片着色不尽相同，多数叶片不是一种纯色，是两种或者多种颜色的呈现，或为同色系但颜色深浅不同。稻叶色彩分布也不均匀，有的叶片上、中、下部颜色有明显的差异，有的在叶片底色上着生另一种颜色的晕或斑，有的是两种颜色条纹相间，有的叶沿与叶面颜色不同，还有的叶正面和背面颜色有差异。水稻多数品种的叶片和叶鞘同色或相近，少数品种有较大差异。还有部分品种的叶舌较大且颜色紫黑，近看明显，而叶耳和叶枕一般较小，其色泽不易引人关注。

2.稻叶形态和姿态　稻叶形态体现在叶片的长、短、宽、窄，稻叶姿态体现在叶片的弯、曲、直、披，因此从稻叶形态和姿态来看，有的叶片长且直立挺拔，生机盎然；有的叶片长而披弯或呈优雅的弧形，随风摇曳，柔软飘逸；有的叶片扭曲下垂，妖娆多姿；有的叶片短小，小巧精致。

（1）**稻叶形态**　剑叶长度≤25.0cm或倒二叶长度介于20～40cm的稻叶属于短叶，剑叶长度35.0～45.0cm或倒二叶长度介于60～80cm的稻叶属于长叶，剑叶长度＞45.0cm或倒二叶长度＞80cm的稻叶属于极长叶。稻叶宽度≤1.0cm属于窄叶，宽度＞2.0cm属于宽叶（图2-28）。观赏稻除了常见的中长、中宽的稻叶外，还有宽短、宽长、细长、细短等稻叶（图2-29至图2-31）。

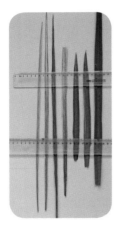

图2-28　不同长短宽窄的稻叶

图2-29　宽短稻叶

图 2-30　宽长稻叶　　　　　　　　　　　　　　图 2-31　细长稻叶

（2）稻叶姿态

稻叶直立：叶片与茎的夹角小，剑叶夹角 $\leqslant 20°$ ，倒二叶夹角 $\leqslant 45°$ ，叶直不弯，株型紧凑（图2-32）。

图 2-32　直立稻叶

稻叶披弯：稻叶叶片较薄、中脉较软或不明显，叶片长大后因自身重量而下弯或下垂（图2-33）。

稻叶卷曲：稻叶卷曲分内卷和外卷，内卷即叶片两侧向稻茎方向弯曲，外卷是叶片两侧向稻茎的反方向弯曲。弯曲大的叶片呈半圆筒状，叶直立不易弯折（图2-34、图2-35）。

图2-33　披弯稻叶

图2-34　内卷稻叶

图2-35　外卷稻叶

稻叶扭曲：稻叶扭曲出现在主叶脉不明显或缺失的叶片上，在叶片的中下部，特别是近叶鞘处呈无序螺旋状扭曲（图2-36）。

图2-36　扭曲稻叶

稻叶上直下披：稻株下部叶片披弯，上部叶片挺拔直立，稻株形态丰满（图2-37）。

图2-37 上直下披稻叶

（二）动态观赏特性

1.稻叶色泽变化 很多以观色（非绿色）为主的叶片在不同的生育时期呈现出明显的色泽变化，叶片前后颜色差异明显，变化规律各异。同一稻株上，往往下部叶片较上部的颜色深，叶片新长出来时多为绿色或白绿色，然后逐渐变色；一片长大的稻叶，其上、中、下部颜色也不尽同，一般叶的下部绿色比例较大，上部颜色更能反映品种特性，呈现出品种独特的颜色。

（1）**金黄色稻叶颜色变化** 稻叶在幼苗时为黄绿色，随着生长叶片的上部黄色渐浓呈现金黄色（图2-38）。

图2-38 金黄稻叶色泽变化
a.苗期 b.孕穗期 c.成熟期

（2）白绿色稻叶颜色变化　种子萌发出苗后幼苗叶片呈现绿色和白色（或黄白色），其中白色（或黄白色）的幼苗（白化苗）因叶片不含叶绿素，约在二叶一心至三叶时种子内的养分耗尽而逐渐萎蔫死亡。在环境条件适宜的情况下，绿色幼苗第四叶开始出现白色，此时移栽叶片会返绿，成活后会再次出现白色，在叶片上形成白色条纹，白色和绿色比例差异呈现出不同的视觉效果。进入生殖生长期，白比逐渐减少，但减少的速度有快有慢，有的很快转为绿色，有的变化不大，直至稻粒成熟仍有较多白色（图2-39）。

图2-39　白绿色稻叶色泽变化
a.分蘖初期　b.分蘖盛期　c.幼穗分化期　d.灌浆期

（3）黄白色稻叶颜色变化　幼苗时叶片呈绿色，移栽返青后新长出的叶片逐渐变为白绿，白色又渐变为黄色，黄色由淡渐浓，色彩近似于蛋黄色（图2-40）。绿色比例过少的稻叶会出现叶片萎蔫枯黄的"假死"现象，其后长出的新叶为淡黄色。

图2-40　黄白色稻叶颜色变化
a.苗期　b.分蘖中期　c.孕穗期

（4）粉红色稻叶颜色变化 种子出苗后有绿和粉红两种叶色的幼苗，其中粉红色幼苗色彩艳丽（图2-41a，b），但在三叶期后逐渐死亡（图2-41c）；绿色幼苗或快或慢地由绿变为紫褐色，进入分蘖后褐色又逐渐变淡，在环境条件适宜的情况下，最早在第四叶（图2-41d），最迟则在分蘖中期新长出的叶片呈现粉红色。色彩也有深浅之别，一般上部的新叶色红鲜艳，下部老叶颜色偏紫褐较暗，粉红色可持续到稻谷成熟（图2-42）。

图2-41 粉红色幼苗衰亡及叶片颜色变化

图2-42 粉红色叶着色部位及叶色变化

（5）**紫褐色稻叶颜色变化**　紫褐色并非稳定不变，且变化差异较大，大致可以分为非转绿型和转绿型两种。非转绿型是稻叶从出苗后到稻谷成熟均为紫色，色彩比较均匀，只是在不同的生育时期颜色深浅有点差异，新长出的稻叶很快由绿变紫，绿色不明显（图2-43，图2-44）。转绿型是稻叶颜色随着生长由紫褐色逐渐变为绿色。变色时间大致有两种：一是出苗后在营养生长阶段保持其独特的颜色，如紫褐、紫绿等，进入生殖生长后，稻叶逐渐退褐、退紫变绿（图2-45，图2-46）；二是稻叶在苗期紫色最浓，然后随着生长稻叶颜色逐渐变淡成绿色，即在营养生长阶段，紫色就在减退（图2-47，图2-48）。

图2-43　非转绿型稻叶颜色变化-Ⅰ

图2-44　非转绿型稻叶颜色变化-Ⅱ

图 2-45　转绿型稻叶颜色变化 - Ⅰ

图 2-46　转绿型稻叶颜色变化 - Ⅱ

图 2-47　转绿型稻叶颜色变化 - Ⅲ

图2-48　转绿型稻叶颜色变化-Ⅳ

2.稻叶形态和姿态变化　稻在一生中主茎会长出十几片叶，前面的十多片叶都是后叶比前叶长且宽，至倒数第三或第四叶达到最大，然后又逐渐变短变窄。叶片除了长宽的变化，还有姿态上的变化，有的品种前面长出的叶直立，后面几片叶披弯，有的品种前面长出的叶直立，中间叶披弯，后面一两片叶又较直，还有个别品种在幼苗期叶片平整，分蘖后长出的叶片出现内卷或外卷，甚至扭曲（图2-49）。

图2-49　稻叶姿态变化（左：三叶期，中：分蘖期，右：破口期）

二、观穗型观赏稻

（一）静态观赏特性

1.稻穗色彩　观赏稻虽然不具有花卉植物美丽的花朵，但稻穗色彩斑斓、形态各异，也能产生出独特的美感。穗色呈现于稻株抽穗后，从观赏的角度看，稻穗由颖壳（内颖、外颖）、芒、秸尖、护颖和颖果构成（图2-50），由于颖果包裹在颖壳中，因此穗色是颖壳色、芒色、秸尖色和护颖色的组合，各部位的颜色均有红、粉、白、褐、黑等之分。这几部分颜色有的相同或相近，有的差异明显，稻穗的颜色变化比稻叶丰富。

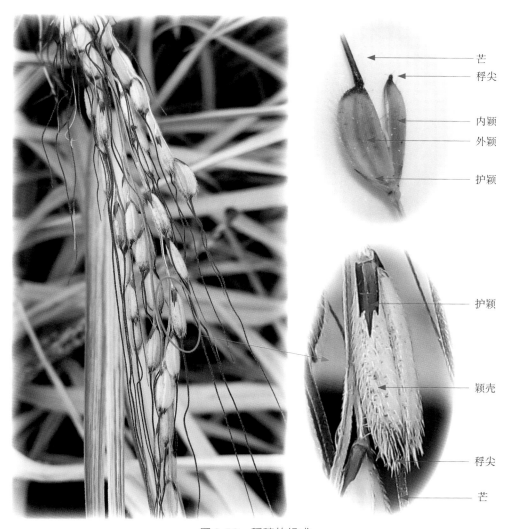

芒
秸尖
内颖
外颖
护颖

护颖
颖壳
秸尖
芒

图2-50　稻穗的组成

（1）**颖壳色** 颖壳由外颖和内颖边缘扣合而成，上有五棱，颖壳色可分为纯色和多色。纯色是指颖壳上的色彩基本一致，呈现单一的颜色，如紫褐、红、红褐、紫黑、白、淡绿和绿等色；多色是指同一颖壳上有两种或两种以上的颜色，或呈相间条纹，或呈斑块、斑点状，个别品种一株稻穗上颖壳有两种颜色。

白色颖壳：颖壳颜色白或黄白，色彩分布均匀（图2-51）。

粉色颖壳：颖壳颜色呈粉白、粉和粉红，色彩分布不太均匀（图2-52）。

红色颖壳：颖壳颜色呈紫红、鲜红、深红、水红等色，色彩分布比较均匀（图2-53）。

黄色颖壳：颖壳颜色偏黄，色彩分布均匀（图2-54）。

褐色颖壳：颖壳颜色呈红褐、褐、紫褐等色，色彩分布较均匀（图2-55）。

黑色颖壳：颖壳颜色呈紫黑、黑、黑褐等色，着色比较均匀（图2-56）。

条纹颖壳：颖壳上有两种差异明显的颜色呈相间条纹状分布。条纹色出现的时间有早有迟，早的在稻穗抽出后就出现两种颜色相间条纹排列，此多见绿色与白色条纹；迟的在灌浆后出现，在两棱线间逐渐出现其特有颜色，如紫红、紫黑、褐等色（图2-57）。

花斑颖壳：稻穗抽出后，在白色、黄白色或绿色的颖壳上出现斑点或斑块状的另一种颜色，两种颜色区别明显，着色多从秶尖周围、棱背和外颖边缘开始，逐渐增多变深（图2-58）。

图2-51 白色颖壳

图 2-52 粉色颖壳

图 2-53 红色颖壳

图2-54　黄色颖壳

图2-55　褐色颖壳

图2-56　黑色颖壳

图2-57　条纹颖壳

图2-58 花斑颖壳

双色颖壳：因结实稻粒和秕粒颖壳颜色差异明显，使同一稻穗上呈现两种颖壳色（图2-59）。

图2-59 双色颖壳

（2）**稻芒色和稃尖色** 稃尖着生于颖壳前端，有的外颖稃尖伸长称为芒，芒（稃尖）的色彩也很丰富，常见有白、粉、红、褐、黑等色，稻芒在阳光照射下颜色靓丽有光泽。一般一穗上的稻芒颜色相同，但也有在一穗上有两种芒色，甚至在一条芒上有两种颜色。

白色稻芒：稻芒呈白、黄白、粉白色（图2-60）。

图2-60 白色稻芒

粉色稻芒：稻芒呈粉色或粉红色（图2-61）。
红色稻芒：稻芒呈玫红、鲜红、水红和深红色（图2-62）。

图2-61 粉色稻芒

图 2-62　红色稻芒

黑色稻芒：稻芒呈黑、紫黑和黑褐等色（图 2-63）。

图 2-63　黑色稻芒

双色芒：一根稻芒或一穗上呈现两种差异明显的颜色（图2-64、图2-65）。

图2-64　一芒双色（白色和红色）　　　　　图2-65　双色稻芒（粉色和红色）

秆尖有白、粉、红、褐、黑等色（图2-66），有稻芒的秆尖和稻芒颜色一般相近（同色系），但也不完全相同，秆尖色泽较浓，稻芒色泽较淡，但个别品种秆尖和稻芒颜色差异较大（图2-67）。

图2-66　不同颜色的秆尖

图2-67　稻芒与秆尖异色

（3）**护颖色**　护颖着生于颖壳的下部，面积小，色彩相对较少，在抽穗灌浆期常见的颜色有白、白绿、粉、玫红、鲜红、褐红等色（图2-68），与颖壳色泽差异大的护颖易引人注视，但随着籽粒的成熟颜色会逐渐变淡。

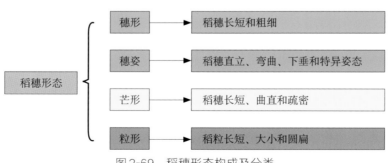

图2-68　不同颜色的护颖

2.稻穗形态　稻穗形态包括穗形、穗姿、芒形和粒形等。穗形有长穗、短穗、细穗和粗穗之分；穗姿有直立、弯曲、悬垂以及特异姿态；芒形有长短、曲直和疏密之分；粒形也有大小、长短、扁圆差异（图2-69）。由此可见，仅仅是稻穗，因颖壳、稃尖、芒、护颖、粒形和穗形不同，就使得稻穗呈现出不同的姿态，或轻盈精美，或美丽俊俏，或素雅朴实，或飘逸妖娆。

```
                  ┌──  穗形 ──→  稻穗长短和粗细
                  │
                  │    穗姿 ──→  稻穗直立、弯曲、下垂和特异姿态
  稻穗形态 ────────┤
                  │    芒形 ──→  稻穗长短、曲直和疏密
                  │
                  └──  粒形 ──→  稻粒长短、大小和圆扁
```

图2-69　稻穗形态构成及分类

（1）穗形 从穗颈至穗顶不含芒的长度为穗长。穗长＜10.0cm属极短穗，10.0～20.0cm属短穗，20.0～30.0cm属中穗，30.0～40.0cm属长穗，＞40.0cm属极长穗。观赏稻穗的长短差异很大，长的近40cm（不含芒），短的不足7cm（图2-70，图2-71），若长穗上再生有长芒，使稻穗显得更长。一般植株较高的稻穗较长（图2-72），植株矮的稻穗较短（图2-73）。稻穗丰满度主要体现在枝梗多少、着粒疏密和芒的稀密上，有的穗子着粒密、枝梗多而长，加上长芒的修饰，显得丰满厚实（图2-74），灌浆后沉甸甸的稻穗展示出丰收的景象；有的着粒稀疏，枝梗短，细瘦单薄，显得精巧别致（图2-75）。

图2-70　不同长度的稻穗

图2-71　长稻穗

图2-72　长穗稻株

图2-73　短穗稻株

2-74　丰满穗形

图 2-75　细瘦穗形

（2）**穗姿**　在成熟期目测主茎穗轴与地面垂直线的夹角来判断稻穗的直立程度。夹角 ≤20°为直立，20°～50°为半直立，50°～90°为弯曲，＞90°为下垂。直立和半直立的稻穗一般穗梗和枝梗短硬、着粒较密或结实率相对较低（图2-76、图2-77），下垂和弯曲的稻穗一般穗梗和枝梗长、着粒稀疏（图2-78、图2-79）。有的稻穗外形特别，如类似大麦穗的麦形穗（图2-80），类似雨伞骨架的伞骨穗（图2-81）。

图 2-76　直立圆粒稻穗

图 2-77　半直立稻穗

图 2-78　下垂稻穗

图 2-79　弯曲稻穗

图2-80 麦形稻穗

图2-81 伞骨稻穗

（3）**芒形** 稻芒有长短之分，长度≤1.0cm为短芒，1.0～3.0cm为中芒，3.0～5.0cm为长芒，＞5.0cm为特长芒，部分观赏稻芒长度可达9cm，短的仅存在于稻穗每个小枝梗上部或顶部稻谷上（图2-82～图2-84）。芒的形状有的很直，有的弯曲，有的前端直而近秆尖处弯曲（图2-85、图2-86）。稻穗上芒多少不一（图2-87、图2-88），芒多使得稻穗更显丰满。稻穗刚抽出时，稻芒形状也有差异，多数品种为一根根独立的芒（图2-89），少数品种芒前端扭聚在一起，随着开花灌浆才逐渐散开（图2-90）。

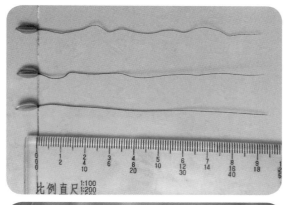

图2-82 特长稻芒

图2-83 中-长稻芒

图2-84 短稻芒

图2-85 直 芒

图2-86　曲　芒

图2-87　稻芒密集

图2-88　稻芒稀疏

图2-89　芒尖散直　　　　　　　　　　　图2-90　芒尖扭聚

（4）粒形　稻粒形状多样。籽粒有大有小，小的千粒重不足6g，大的千粒重达70g。形状可分为细短形、短圆形、阔卵形、椭圆形、中长形、细长形。有的颖果还具有红、黑、褐、绿等颜色（图2-91）。

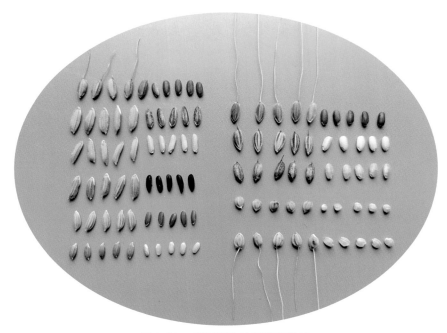

图2-91　不同形态的稻谷和糙米

（二）动态观赏特性

1.抽穗开花 在抽穗开花期，植株的形态和色彩变化快。稻穗从剑叶叶鞘中抽出，特别是在破口时，有的中部已摆脱叶鞘的包裹，但稻芒却还未挣脱出来，呈现出俏皮可爱、极具趣味性的姿态（图2-92）。

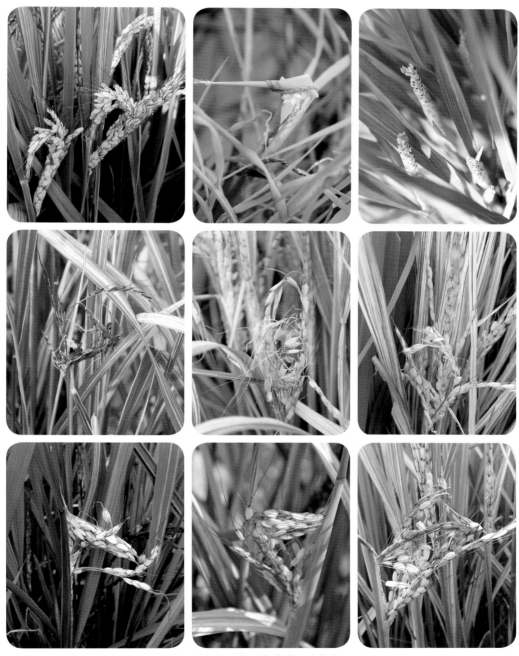

图2-92 破口抽穗时稻穗姿态

认真观察稻穗，透过白色、白绿色和黄白色的颖壳能观赏到黄色花药在颖壳里由下往上缓慢移动直至将颖壳顶开（图2-93、图2-94）。稻花开放时间约60～70min，颖壳张开，花丝伸长，极细的花丝和小小的花药，尽显稻花的娇小妩媚，白色透明花丝和淡黄色花药增添了稻穗色彩，随风摇摆也给稻穗增添了几分动感美（图2-95）。

图2-93 隐约可见的花药　　　　　　　　　图2-94 花丝伸长颖壳张开

图2-95 开花稻穗

稻株从破口到齐穗，株高迅速增加，在抽穗的过程中，穗上部的小穗首先开花，开花顺序由上至下，初时每日开花数少，随后开花数大量增加，至穗下部开花数减少直至结束，时间历时6～10d。开花速度快且开花整齐的田块，可见整穗挂满花药，因花药与颖壳和叶片的颜色不同，田间星星点点，画面甚是美妙（图2-96）。

图2-96　挂满花药的稻穗

2. 穗色变化 从抽穗至灌浆后期，白色、绿色、黄色的稻穗在整个过程中颜色变化不明显，但其他颜色的稻穗色彩有较大或很大的变化，主要是颖壳和稻芒颜色的变化。

（1）颖壳变色 有色颖壳刚从叶鞘中冒出时多为白、白绿、黄白和黄绿色，见光后开始变色，根据变色快慢可分为快变色和慢变色。

快变色：变色很快，稻穗还未完全抽出，其上、中和下部的颜色差异就已非常明显，至扬花后整穗颜色基本一致，呈现出品种特有的颜色。在颜色变化上，有的品种是整颗稻粒颜色变化基本一致，且最后着色比较均匀（图2-97）；有的品种是在浅色颖壳上出现彩色斑点或斑块，形成花斑色颖壳（图2-98）。由于主茎和分蘖茎抽穗时间存在差异，因此在抽穗至扬花期间，田间水稻群体表现出穗色深浅不一（图2-99）。

图2-97　快变色稻穗——颖壳均匀着色

图2-98　快变色稻穗——颖壳斑点状着色

图2-99　快变色稻穗——群穗颜色深浅不一

慢变色：抽穗后颖壳变色速度相对较慢，因品种不同大致有四种表现。第一种是匀速变色，即一穗上的颖色整体由淡变浓，由素雅变为艳丽，至灌浆中期颜色最为鲜艳，蜡熟时颜色又逐渐变淡（图2-100）。第二种是条纹变色，即抽穗时颖色为白绿，随着灌浆颖色逐渐出现紫红或紫黑条纹，也是在灌浆中期颜色最为靓丽（图2-101）。第三种是一穗双色，即在抽穗时整穗颖色一致，但在灌浆中后期结实粒颜色与空秕粒颜色差异明显（图2-102）。第四种出现在有色稻米中，进入灌浆后，随着花青素在果皮和种皮内大量积累，因紧贴颖壳也使其颜色逐渐变化（图2-103）。

图2-100　慢变色稻穗——匀速变色（左：扬花末期，中：灌浆前期，右：灌浆中期）

图2-101　慢变色稻穗——条纹变色（扬花初期至灌浆中期）

图2-102　慢变色稻穗——一穗双色（左：灌浆前期，右：蜡熟期）

图2-103　有色稻米颖壳颜色变化（左：抽穗期，右：灌浆后期）

（2）**稻芒变色**　在抽穗、灌浆至成熟的整个过程中，白色芒变化不大，其他颜色则变化明显。一般刚抽出的稻芒呈白、浅绿等较淡的颜色，然后逐渐变深，速度有快有慢。变色快，穗还未完全抽出，其上部和下部的稻芒颜色差异已很明显（图2-104），进入灌浆后色泽变化速度放慢；变色慢，稻芒颜色变化缓慢，但在不同的灌浆时期颜色仍有明显差异（图2-105，图2-106）。在接近成熟时芒色变浅呈黄白、灰褐或褐色。

图2-104　快变色稻芒——同一穗上的芒色差异明显（近叶鞘处稻芒为白色）

图2-105　慢变色稻芒（左：盛花期鲜红色，右：灌浆中期紫褐色）

图2-106 慢变色稻芒（左：扬花期粉色，中：灌浆前期玫红色，右：成熟期谷黄色）

三、观株型观赏稻

（一）植株形态及变化

1.植株形态 植株形态包括株高和株形。

（1）**株高** 观赏稻的植株高度差异很大，高的达180cm以上，矮的小于30cm，按株高可分为6种类型（表2-1，图2-107～图2-112）。低于70cm的矮株和高于140cm的极高株不常见，所以更能引起人们的好奇和关注。

表2-1 观赏稻株高分类标准

株高类型	极矮株	矮株	中矮株	中株	高株	极高株
植株高度（cm）	＜50	50～70	70～90	90～120	120～140	＞140

图2-107 极矮株型（株高＜50cm）

图 2-108　矮株型（株高 50 ~ 70cm）

图 2-109　中矮株型（株高 70 ~ 90cm）　　　图 2-110　中株型（株高 90 ~ 120cm）

图 2-111　高株型（株高 120 ~ 140cm）　　　图 2-112　极高株型　（株高 ＞ 140cm）

（2）**株形** 在植株形态上，有的叶片直立，株型紧凑（图2-113）；有的分蘖分散，株型松散（图2-114）；有的分蘖少，株型单薄（图2-115）；有的分蘖多叶片多，株型丰满（图2-116）；有的茎粗叶直，昂然挺拔（图2-117）；有的叶片披弯，婀娜多姿（图2-118）。

图2-113 紧凑型稻株　　　　　　　　　　图2-114 松散型稻株

图2-115 弱分蘖型稻株　　图2-116 强分蘖型稻株　　图2-117 茎粗叶直型稻株　　图2-118 叶片披散型稻株

2.株形变化 一粒稻种从萌发到结出新的种子，在这一个生命周期里，植株体由矮到高、由小变大、由弱到强，数量由少变多。

（1）**生命初起** 种子从露白开始，胚根向下扎入土中，胚芽向上逐渐伸出土面并长长，嫩芽由白变绿（图2-119），随着叶片的长出，一棵新的稻株长成（图2-120）。

（2）**蓬勃壮大** 稻株从一棵弱小的秧苗渐渐长大，除了植株高度的变化，形态上也从单一的小苗通过分蘖壮大为一大簇，继而形体变得蘖繁叶茂、郁郁葱葱（图2-121）。

图 2-119　稻种发芽

图 2-120　幼苗出土

图 2-121　不同时期的稻株形态（左：三叶期，右：分蘖后期）

（3）**抽穗结实**　孕穗末期，稻穗从叶鞘中抽出，翘首沐浴阳光雨露。淡雅的小花随风摇曳，尽显妙曼身姿。在明媚阳光的照耀下，籽粒不断充实，沉甸甸的稻穗告诉我们有更多的种子长成（图2-122）。

图 2-122　水稻抽穗-开花-结实

（二）多个观赏点组合及色彩搭配

稻株某一部位特别的色彩或形态称为一个观赏点，如叶色、芒色、颖壳色、护颖色、芒形、穗形、叶形和株形等。

观赏点单一的稻株，观赏应用价值有限，两个或多个观赏点组合稻株，不仅可以增加观赏性，而且能延长观赏时间，大大提高观赏价值。如矮株配以鲜艳的颖色，加之独特的芒形，可与盆花相媲美，高株配以颜色艳丽的长穗，体态更加飘逸，婀娜多姿（图2-123～图2-126）。

图2-123　株形、叶色、颖色和芒色组合

图2-124　株形、叶色和叶形组合　　　　图2-125　叶色与穗色组合　　图2-126　株形、穗形和芒色组合

由于观赏稻叶色、颖壳色、稃尖色、芒色和护颖色有相同的，也有不相同的，所以一株稻株上可能呈现出多种颜色以及不同色彩的组合，特别是变色穗在抽穗开花期色彩更加斑斓（图2-127）。稻穗和稻叶色泽相近，整株色彩融为一体（图2-128，图2-129）；色彩相差

较大，在稻叶的映衬下稻穗更加引人注目（图2-130）。同色的稻穗在不同叶色衬托下感觉也截然不同（图2-131），多彩的颜色再配以特别的株形、叶形、穗形等，使观赏稻的观赏性更加丰富。

图2-127　多色彩组合的观赏稻

图2-128　叶和穗颜色相同　　　　　图2-129　叶和穗颜色相近　　　　　图2-130　叶和穗颜色差异大

图2-131　相似穗色与不同叶色的组合

四、观赏方式及方法

观赏稻在观赏方式和方法上有技巧，如观赏时期和观赏距离的选择，动态变化的观察和动感美的感受，以及光线的应用和观赏心态等。

（一）观赏时期

观赏对象和观赏方式不同，最佳观赏时期不同。

1.观叶型观赏稻　对于利用稻叶色泽绘制稻田画和制作景观，才长出的秧苗（无分蘖）以及分蘖的前期，秧苗身形瘦小，观赏性不高。一般移栽后进入分蘖期并出现几个分蘖，新长出的叶片使秧苗身形渐渐丰满，稻叶色泽也越发突显，此时的秧苗才具有较好的观赏性。对于庭院和阳台种植，可以近距离观察叶色的细微变化，因此在稻叶变色始期即进入观赏期。观赏持续时间因品种特性不同而有差异，若叶色能保持到稻株成熟，观赏期可延至蜡熟期；若在成熟前叶色就逐渐转绿，转绿的时期即为观赏结束期。

2.观穗型观赏稻　稻穗从破口期开始，其特殊的色泽和形态逐渐表现出来。快变色稻穗从破口至灌浆初期是稻穗色彩最艳丽的时期，其后颜色变暗；慢变色稻穗则在开花后才逐渐转色，灌浆中期色彩最佳，观赏时间可至灌浆末期；麦形穗、小粒穗、直立穗等从抽穗至蜡熟期都能保持其特性，沉甸甸的大长穗在灌浆后期至成熟期观赏性也很好。

3.观株型观赏稻　矮株型观赏稻特点很突出，出苗后秧苗就矮小，从分蘖中期（有几个分蘖时）进入观赏期，直到稻株衰老为止；高株型观赏稻在拔节后逐渐显现出高大，至蜡熟期均可观赏；稻叶扭曲下垂型观赏稻在分蘖前中期进入观赏期，茅草稻在分蘖中后期观赏性佳。

4.用于稻田绘画　将秧苗移栽大田绘制图案，移栽15～20d后，田间叶片增多，叶面积增大，图案显现，开始进入观赏期。在分蘖中期至抽穗前为最佳观赏期。如果是利用变色叶和穗制作变色稻田画，最佳观赏期延至灌浆中后期。稻株开始出现衰老时为观赏结束期。

5.用于盆栽　观赏稻即使是普通绿色稻株也能作为绿植花卉在庭院阳台上进行盆钵种植，可仔细观赏稻株形态和色彩的细微变化，因此从出苗至成熟期均可观赏。

6.稻穗用于切花　观赏稻用于鲜切花，观赏时间因品种而异一般为5～20d；用干穗制作插花，保存方法得当，可长期观赏。

（二）观赏距离

1.远距离观赏　较远距离观赏稻株群体呈现出的色泽、图案和姿态。如稻田画是利用群体稻株叶片的颜色，需较远的距离和一定的视角观赏，才能达到最佳效果。

2.近距离观赏　近距离观赏稻株各部位的色泽形态和变化。如近距离欣赏稻穗开花和色泽差异，感受颜色的细微变化。

3.微观　借助放大镜、显微镜等工具观赏稻株细小部位和细微结构呈现出的美感（图2-132）。

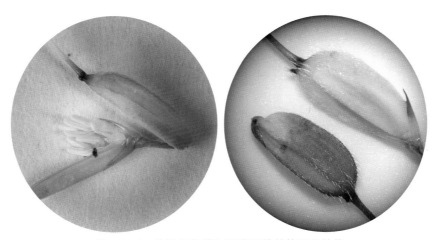

图2-132　体视显微镜下观察开花前的稻谷结构

（三）感受动态变化和动感美

观赏稻给我们增添的不仅是观感美，还有独特的动态变化和动感美。

看稻株的生长变化，从中发现美。比如形态变化上，从种子萌发、出苗、分蘖，秧苗长高、叶片增多，从一根细弱的秧苗长成一丛，拔节过程中稻株高度快速增长，抽穗时稻穗从叶鞘口露出直至完全抽出的过程，开花时颖壳张开与闭合，花药吐露，稻粒充实成熟等。再比如特有的稻叶色泽从无到有、由淡渐浓，稻穗色泽或快或慢变化等，观者在心中充满期待。

稻株静止时幽雅娴静，微风吹过，随风摆动，沙沙作响，演奏出自然的韵律，弯曲披垂的叶片在和风细雨中婀娜起舞；阳光下稻芒如同泛着亮光的彩色发缕，轻盈秀美；细细的花丝带着小小的花药在微风中随风摇曳，尽显妙曼身姿；成片种植的稻穗随风起伏，稻浪翻滚，好似一曲动人的乐章；多彩的稻谷给人丰收的喜悦，使人们真切地感受到大自然的无穷魅力，并引发出无限的浪漫遐想。

（四）顺光与逆光观赏

光线的强度和角度对观赏也有很大的影响，在顺光和逆光下看到的同一个物体的色彩有很大差异，顺光看叶色浓厚葱郁，逆光看叶片通透鲜亮（图2-133）。因此，从不同的方位观看以及在一天中的不同时段观赏，会有不同的效果，有时逆光下拍摄的照片更能凸显观赏稻的美丽（图2-134、图2-135）。

图2-133　顺光与逆光下的同一稻株群体（左：顺光，右：逆光）

图2-134　逆光拍摄的稻穗

图2-135　逆光拍摄的稻叶

（五）用欣赏的态度去观赏

　　"忧者见之而忧，喜者见之而喜"，心情会影响人们对景物的观赏。在情绪欢快的时候欣赏会觉得每一颗稻株都散发着活力，每一种色彩都赏心悦目，或高或矮的株型都很奇特，抽穗开花是如此奇妙，五颜六色的稻穗多么新奇，长长的稻芒是那么飘逸，沉甸甸的稻穗带来丰收的希望；而在情绪不好的时候，所有色彩都黯然失色，所有奇特都变得大同小异。以平和的心情和好奇的心理去观赏，就会发现无尽的美，心情也会更好。所以，景无情不发，情无景不生，二者相互交融，彼此促进，从而形成一种意境美。

　　在情绪不佳时，通过观赏观赏稻的生长，也可改变心境，给我们一些人生的感悟和启迪。如细小的秧苗不畏逆境努力生长；叶鞘中的稻穗如足月的胎儿努力摆脱叶鞘和叶枕的束缚，去拥抱五彩斑斓的世界；淡雅的小花展示灿烂蓬勃的生机，缤纷的色彩活跃了沉闷的心情；在阳光和大地的滋养下，沉甸甸的稻穗在告诉我们生命有了延续。

Part 3

第三章 观赏稻品种

一、华粉

来源：西昌学院选育

观赏特性：出苗后叶片由绿转为褐色，移栽成活后新长出的叶片褐色逐渐变淡呈绿色，叶片中上部出现粉色条纹，粉色面积不断扩大，至分蘖末期呈现鲜艳的粉红色，叶鞘红褐色（图3-1）。穗长18～20cm，刚抽出的稻穗颖壳黄白、短芒、秄尖和护颖鲜红，随后颖壳上渐起红色斑点呈花斑壳，灌浆后部分颖壳出现黄绿色（图3-2）。株高110cm。

观赏时期及部位：全生育期观叶色变化，抽穗至灌浆后期观穗色和穗形变化。

应用途径：制作稻田画，制作景观，庭院种植，叶穗插花。

图3-1　华粉稻株（左：分蘖初期，中：分蘖中期，右：破口期）

图3-2　华粉叶穗（左：扬花期，中：灌浆初期，右：灌浆中期）

二、粉面

来源： 西昌学院选育

观赏特性： 分蘖后绿色稻叶上逐渐出现白色条纹。在分蘖后期叶片中上部出现粉色，叶沿仍为绿色，绿、白、粉三色共存（图3-3），白、粉色面积受环境影响有较大变幅。叶片长，分蘖后期中下部叶片斜披（图3-4）。穗长23～26cm，抽穗后颖壳由白色快速变为粉紫色直至紫褐色，芒深红色至黑红色，长3～5cm，护颖褐红色（图3-5，图3-6）。蜡熟期稻穗变为灰褐色。株高122cm。

观赏时期及部位： 分蘖至灌浆后期观叶色，抽穗至灌浆末期观穗色和穗形变化。

应用途径： 制作变色稻田画，制作景观，庭院种植，叶穗插花。

图3-3　粉面稻叶（分蘖末期）

图3-4　粉面稻叶（抽穗初期）

图3-5　粉面稻株（抽穗扬花期）

图3-6　粉面叶穗（灌浆中期）

三、玉红

来源：西昌学院选育

观赏特性：分蘖后绿色稻叶上出现白色条纹并逐渐增多，分蘖中期白色渐变为黄白色，白比>60%。穗长20～23cm，抽穗后颖壳、芒和护颖由黄白色快速变粉红色至紫红色，稃尖红色，芒长2～4cm，在黄白叶色的映衬下鲜艳夺目，并保持到灌浆中后期，至蜡熟期稻穗变为褐色（图3-7～图3-9）。株高115cm。

观赏时期及部位：分蘖至灌浆后期观叶色，抽穗至灌浆末期观穗色和穗形变化。

应用途径：制作稻田画，制作景观，庭院种植，叶穗插花。

图3-7　玉红稻株（左：分蘖后期，右：灌浆前期）

图3-8　玉红稻穗（扬花末期）

图3-9　玉红群穗（灌浆中期）

四、云黄2号

来源：云南省昆明市引进

观赏特性：整个生育期稻叶黄绿色，叶片上部黄色浓郁，远看一片金黄，株高88cm。穗长20～22cm，颖壳和稃尖均呈浅黄色，无芒（图3-10～图3-12）。灌浆末期叶片尖部变白枯（图3-13）。

观赏时期及部位：全生育期观叶色，抽穗至蜡熟期观穗。

应用途径：制作稻田画，制作景观，庭院种植，可盆栽，叶穗插花。

图3-10 云黄2号稻株（分蘖中期）　　图3-11 云黄2号稻穗（左：开花期，右：灌浆前期）

图3-12 云黄2号叶穗（灌浆前期）　　　　图3-13 云黄2号稻株（蜡熟期）

五、深黄

来源：广东省深圳市引进

观赏特性：植株较矮，株高76cm。整个生育期叶片黄绿色，颖壳浅黄，稃尖、护颖黄白（图3-14，图3-15），至蜡熟期稻穗变谷黄色，无芒。剑叶较长且直立，灌浆后的稻穗弯垂在稻株中部，株型独特（图3-16）。

观赏时期及部位：全生育期观叶色和株形，抽穗至蜡熟期观穗。

应用途径：制作稻田画，制作景观，庭院种植，叶穗插花，可盆栽和设施种植。

图3-14　深黄稻株（分蘖中期）　　　　　　　　图3-15　深黄稻穗（开花期）

图3-16　深黄稻株（左：灌浆初期，右：灌浆后期）

六、紫云

来源：西昌学院选育

观赏特性：分蘖后绿叶上逐渐出现白色条纹，白比30%～50%，分蘖后期白比有所减少。抽穗初期颖壳黄白色，稃尖深红，护颖红，无芒，穗长21～23cm。穗抽出后颖壳迅速出现粉红色斑并转为红褐色，进入灌浆初期变为紫褐色，此后至蜡熟稻穗色泽变化不大（图3-17，图3-18）。株高111cm。

观赏时期及部位：分蘖至灌浆前期观叶色，抽穗至灌浆后期观穗色和穗形变化。

应用途径：制作变色稻田画，制作景观，庭院种植，叶穗插花。

图3-17　紫云稻穗（左：抽穗期，中：扬花期，右：灌浆中期）

图3-18　紫云稻株（左：分蘖中期，右：扬花末期）

七、玉叶红妆

来源： 西昌学院选育

观赏特性： 分蘖后绿叶上逐渐出现白色条纹，白比50%左右并持续至灌浆后期。穗长21～24cm，抽穗初期颖壳黄白色，秆尖和护颖浅粉，无芒。开花后颖壳逐渐变粉，秆尖和护颖粉红色，随着灌浆粉色渐浓，至灌浆中期颖壳呈粉红褐色，秕粒颖壳为粉红色，秆尖近红色，至蜡熟稻穗渐变成浅褐色（图3-19，图3-20）。株高113cm。

观赏时期及部位： 分蘖至灌浆后期观叶色，抽穗至灌浆后期观穗色和穗形变化。

应用途径： 制作变色稻田画，制作景观，庭院种植，叶穗插花。

图3-19　玉叶红妆稻穗（左：扬花期，右：灌浆中期）

图3-20　玉叶红妆稻株（左：分蘖中期，右：灌浆后期）

八、剑红

来源：西昌学院选育

观赏特性：分蘖后绿色稻叶上逐渐出现绿白相间条纹，白比20%～40%，孕穗后减少，叶内卷直立，株型较紧凑。穗长23～26cm，抽穗初期颖壳白色、秆尖粉红色，红色短顶芒，然后颖色渐变为粉红色至鲜紫红色，紫红色有深有浅，均鲜艳，随着灌浆实粒颖壳暗紫红色，秕壳仍鲜艳。护颖和芒色泽变化与颖壳相似。灌浆后期稻穗渐变成深褐色（图3-21，图3-22）。株高140cm。

观赏时期及部位：分蘖至孕穗期观叶色，抽穗至蜡熟期观穗色和穗形变化。

应用途径：制作景观，庭院种植，稻穗插花。

图3-21　剑红变色初期的稻穗

图3-22　剑红稻穗（左：扬花期，中：灌浆中期，右：蜡熟期）

九、紫星

来源：西昌学院选育

观赏特性：分蘖后绿色稻叶上逐渐出现白色条纹，白比50%～60%并能持续至蜡熟期。抽穗初期颖壳为白色或白绿色条纹，稃尖深紫红色，护颖深红褐色，颖壳上面逐渐出现紫红色或紫褐色斑点，且在稃尖和颖壳棱线上斑点浓密，稻穗色彩素雅，有零星短顶芒。穗长19～21cm（图3-23～图3-25）。株高105cm。

观赏时期及部位：分蘖至蜡熟观叶色，抽穗至蜡熟期观穗色和穗形变化。

应用途径：制作稻田画，制作景观，庭院种植，叶穗插花。

图3-23　紫星稻穗（左：扬花期，右：灌浆中期）

图3-24　紫星群穗（灌浆初期）　　　　图3-25　紫星稻株（灌浆前期）

十、红星

来源： 西昌学院选育

观赏特性： 分蘖后绿色稻叶上逐渐出现白色条纹，白比40%～50%，分蘖末期白比有所减少。穗长21～23cm，穗抽出时颖壳黄白色，秤尖和护颖由粉色变为玫红色，随着灌浆颖壳出现淡绿色并有少量粉色晕，秕壳淡粉色，清新素雅，零星红短顶芒（图3-26，图3-27）。株高110cm。

观赏时期及部位： 分蘖至灌浆后期观叶色，抽穗至灌浆后期观穗色和穗形变化。

应用途径： 制作景观，庭院种植，叶穗插花。

图3-26 红星稻穗（左：抽穗期，中：扬花末期，右：灌浆中期）

图3-27 红星稻株（左：分蘖中期，右：灌浆中期）

十一、银花

来源： 西昌学院选育

观赏特性： 分蘖后绿色稻叶上逐渐出现白色条纹。在分蘖中期白比可达50%～70%，分蘖后期白比逐渐减少。穗长19～21cm，无芒，颖壳白色或白与浅绿相间条纹，护颖和颖尖白色，蜡熟期稻穗谷黄色（图3-28，图3-29）。株高85cm。

观赏时期及部位： 分蘖至蜡熟期观叶色，抽穗至蜡熟期观穗色和穗形。

应用途径： 制作稻田画，制作景观，庭院种植，叶穗插花，可盆栽。

图3-28　银花稻穗（左：扬花末期，右：灌浆后期）

图3-29　银花稻株（左：分蘖中期，右：灌浆中期）

十二、白茅

来源：西昌学院选育

观赏特性：分蘖后绿色稻叶上逐渐出现白色，随着生长白比不断增加可达60％以上，抽穗后仍保持较高的白比。分蘖力强，叶细窄长，株型半紧凑，形似茅草。穗细长，22～24cm，颖壳和护颖白色，秆尖黑红色至黑色，零星短顶芒。开花后部分颖壳出现褐斑，叶和穗颜色相近（图3-30，图3-31）。株高138cm。

观赏时期及部位：分蘖至蜡熟期观叶色和株形，抽穗至蜡熟期观穗色和穗形变化。

应用途径：制作景观，庭院种植，叶穗插花。

图3-30　白茅稻穗（扬花期）

图3-31　白茅稻株（左：孕穗期，右：扬花期）

十三、玉紫

来源： 西昌学院选育

观赏特性： 分蘖后新长出的绿叶上出现白色条纹并逐渐变为黄白色，白比可达60%以上，分蘖期下部叶片前端略带粉色晕，进入生殖生长后白比变化不大。穗长19～21cm，抽穗后颖壳和芒由黄白色迅速变为红褐色至深紫褐色，蜡熟期变为褐色。秭尖由红色变为黑色，有少量短芒，芒色变化与颖壳相似（图3-32，图3-33）。株高108cm。

观赏时期及部位： 分蘖至蜡熟观叶色，抽穗至蜡熟观穗色和穗形变化。

应用途径： 制作变色稻田画，制作景观，庭院种植，叶穗插花。

图 3-32　玉紫稻穗（扬花期）

图 3-33　玉紫稻株（左：分蘖中期，中：灌浆前期，右：蜡熟期）

十四、姹紫

来源：西昌学院选育

观赏特性：分蘖后绿色稻叶上逐渐出现白色条纹，白比40%～50%，叶片宽长披弯。穗长23～25cm，穗刚从叶鞘中抽出时颖壳白色，稃尖、护颖和芒红色，然后颖壳迅速变为红褐色至紫褐色，秕壳红褐色，芒色变为深红色至黑红色，芒长3～5cm（图3-34～图3-36）。株高112cm。

观赏时期及部位：分蘖至灌浆后期观叶色，抽穗至灌浆后期观穗色和穗形变化。

应用途径：制作变色稻田画，制作景观，庭院种植，叶穗插花。

图3-34　姹紫稻穗（左：破口期，中：扬花末期，右：灌浆后期）

图3-35　姹紫稻株（分蘖前期）　　　　图3-36　姹紫群穗（灌浆前期）

十五、红曲

来源：西昌学院选育

观赏特性：分蘖后浅绿色稻叶上逐渐出现白色条纹，白比50%左右，孕穗后无明显减少，叶片较宽。穗长23～26cm，抽穗初期颖壳黄白色，稃尖红色，粉色长曲芒，护颖淡粉色。开花后粉色变浓，芒粉红色，实粒颖壳粉黄色，秕壳粉白色，灌浆中期穗色呈粉红褐色，蜡熟期稻穗渐变成褐色（图3-37，图3-38）。株高105cm。

观赏时期及部位：分蘖至灌浆后期观叶色，抽穗至灌浆后期观穗色和穗形变化。

应用途径：制作变色稻田画，制作景观，庭院种植，叶穗插花。

图3-37 红曲稻穗（左：扬花期，右：灌浆前期）

图3-38 红曲稻叶和稻株（左：分蘖后期，右：灌浆前期）

十六、红焰

来源：西昌学院选育

观赏特性：分蘖后绿色稻叶上逐渐出现白色条纹，白比40%～60%，叶披弯，株型较松散。穗长23～25cm，芒长2～4cm，抽穗初期颖壳白色，稃尖、护颖和芒鲜红色，随后颖尖周围快速着生红晕并扩散至颖壳其他部位，使整个稻穗呈鲜红色，从抽穗至灌浆后期稻穗色彩鲜艳（图3-39，图3-40）。株高112cm。

观赏时期及部位：分蘖至灌浆后期观叶色，抽穗至灌浆后期观穗色穗形变化和株形。

应用途径：制作变色稻田画，制作景观，庭院种植，叶穗插花。

图3-39　红焰稻穗（左：抽穗期，右：灌浆前期）

图3-40　红焰稻株（左：孕穗初期，右：灌浆中期）

十七、胭脂

来源：西昌学院选育

观赏特性：分蘖后绿色稻叶上逐渐出现白色条纹，白比30%～40%，叶披弯，株型较松散。穗长23～27cm，抽穗初期颖壳白色，秆尖、护颖和芒鲜红色，随后颖尖周围着生粉红晕并扩散到外颖背棱线两侧，然后再扩散至颖壳其他部位，着色浓淡不均，从抽穗至灌浆后期稻穗色彩鲜艳。芒稀疏，长1～3cm（图3-41，图3-42）。株高110cm。

观赏时期及部位：分蘖至灌浆后期观叶色，抽穗至灌浆后期观穗色、穗形变化和株形。

应用途径：制作变色稻田画，制作景观，庭院种植，叶穗插花。

图3-41 胭脂稻穗（左：抽穗期，中：扬花期，右：灌浆前期）

图3-42 胭脂稻株（左：孕穗期，中：扬花末期，右：灌浆中期）

十八、嫣红

来源：西昌学院选育

观赏特性：分蘖后浅绿色稻叶上逐渐出现白色条纹，白比40%左右，叶长披弯，株型蓬松。穗长23～26cm，抽穗后稃尖、护颖和芒由白色快速变为粉色至玫红色，颖壳黄白色，灌浆中后期出现少量浅褐色条纹，秕壳粉白色。芒粉红色至玫红色，长3～6cm略弯曲，鲜艳稻芒持续时间较长（图3-43～图3-45）。株高123cm。

观赏时期及部位：分蘖至灌浆后期观叶色，抽穗至灌浆后期观穗色、穗形变化和株形。

应用途径：制作景观，庭院种植，叶穗插花。

图3-43　嫣红稻穗（开花末期）

图3-44　嫣红稻株（灌浆前期）　　　　　图3-45　嫣红稻穗（灌浆中期）

十九、绿叶红妆

来源： 西昌学院选育

观赏特性： 分蘖后绿叶上出现白色条纹，白比30%～40%，分蘖后期白色减少。穗长21～24cm，抽穗初期颖壳黄白色或黄绿色，然后逐渐变粉黄色，随着灌浆粉色逐渐变深，颜色越来越鲜艳，至灌浆中期呈粉红褐色并保持到灌浆后期，秕粒颖壳为粉红色。护颖和稻芒变色与颖壳相似，稃尖红色，芒长1～3cm（图3-46，图3-47）。株高115cm。

观赏时期及部位： 分蘖期观叶色，抽穗至灌浆后期观穗色和穗形变化。

应用途径： 制作变色稻田画，制作景观，庭院种植，稻穗插花。

图3-46　绿叶红妆稻穗（左：抽穗初期，中：扬花末期，右：灌浆前期）

图3-47　绿叶红妆稻株（左：分蘖中期，右：灌浆中期）

二十、紫微

来源：西昌学院选育

观赏特性：分蘖后绿叶上逐渐出现白色条纹，白比20%左右。穗长19～21cm，抽穗初期颖壳黄白色或白与浅绿相间条纹，短芒深红色，芒长1～3cm，稃尖黑红色，护颖粉红色。开花后在稃尖周围及颖壳棱线出现少量紫褐色小点，芒色变为黑红色至紫黑色，护颖褐红色。至蜡熟稻穗渐变成浅褐色（图3-48，图3-49）。株高107cm。

观赏时期及部位：分蘖至孕穗期观叶色，抽穗至灌浆后期观穗色和穗形变化。

应用途径：制作景观，庭院种植，稻穗插花。

图3-48　紫微稻穗（左：破口期，中：扬花末期，右：灌浆前期）

图3-49　紫微稻株（左：分蘖中期，右：蜡熟期）

二十一、彩云

来源：西昌学院选育

观赏特性：分蘖后绿色稻叶上逐渐出现白色条纹，白比30%左右，分蘖后期白比减少。穗长20～22cm，颖壳黄白色，随着灌浆逐渐变为白绿色。护颖白色，稃尖玫红色至红色。芒长3～5cm，玫红色至鲜红色，灌浆中后期芒色深紫红色，至蜡熟期呈褐色，颖壳谷黄色（图3-50，图3-51）。株高113cm。

观赏时期及部位：分蘖期观叶色，抽穗至灌浆后期观穗色和穗形变化。

应用途径：制作变色稻田画，制作景观，庭院种植，稻穗插花。

图3-50　彩云稻穗（左：扬花末期，右：灌浆初期）

图3-51　彩云稻株（左：分蘖中期，右：灌浆前期）

二十二、黛红

来源： 西昌学院选育

观赏特性： 出苗后叶片由绿色转为褐色，移栽成活后新长出的叶片为红褐色，然后逐渐变深，叶鞘紫褐色。穗长18～21cm，刚抽出的稻穗颖壳黄白色，无芒，稃尖深紫红色，护颖深红色，随后颖壳上渐起粉紫褐斑点并覆盖大部分颖壳，随着灌浆穗色逐渐变深（图3-52，图3-53）。株高114cm。

观赏时期及部位： 出苗至蜡熟观叶色变化，抽穗至灌浆后期观穗色和穗形变化。

应用途径： 制作变色稻田画，制作景观，庭院种植，叶穗插花。

图3-52　黛红稻穗（左：扬花期，中：扬花末期，右：灌浆后期）

图3-53　黛红稻株（左：分蘖前期，中：分蘖后期，右：灌浆后期）

二十三、马来红

来源：四川省成都市引进

观赏特性：整个生育期叶片紫褐色，稻株紫色浓郁，着色均匀，叶鞘紫色、叶舌紫褐色，叶片挺直微外卷，虽有一定的夹角，但叶片斜而不弯。穗长21～23cm，颖壳浅绿色，秆尖红色，少量红色短芒，护颖红褐色。花丝长，紫黑色柱头易外露。随着灌浆，颖壳绿色变淡，蜡熟期谷黄色（图3-54～图3-56）。株高77cm。

观赏时期及部位：全生育期观叶色和株形，抽穗至灌浆后期观开花和颜色搭配。

应用途径：制作稻田画，制作景观，庭院种植，可盆栽和设施种植，叶穗插花。

图3-54 马来红稻株（分蘖前期）

图3-55 马来红稻穗（扬花期）

图3-56 马来红稻株（左：灌浆前期正视照，右：灌浆前期俯视照）

二十四、紫稻

来源：日本引进

观赏特性：刚长出的新叶呈绿色，叶片展开后转为深紫褐色，叶鞘、叶枕和叶舌褐色，灌浆中后期至稻谷成熟，叶片深褐色。刚抽穗时颖壳浅绿色，稃尖紫黑色，有零星紫黑色短顶芒，护颖红褐色。开花后颖壳上出现褐色斑点，在颖尖和棱线比较密集，穗长17～20cm（图3-57，图3-58）。株高98cm。

观赏时期及部位：全生育期观叶色，抽穗至灌浆后期观穗色和穗形变化。

应用途径：制作稻田画，制作景观，庭院种植，叶穗插花。

图3-57　紫稻稻穗（左、中：扬花期，右：灌浆中期）

图3-58　紫稻稻株（左：分蘖前期，右：灌浆中期）

二十五、华农089

来源：云南昆明引进

观赏特性：出苗后叶色快速变为紫褐色，并持续到抽穗，抽穗后叶色逐渐褪紫转绿，至灌浆后期叶片变为绿色。茎秆粗壮，叶片宽且长。抽穗时稃尖、护颖红褐色，颖色由绿色迅速转为红褐色至紫红褐色，色彩比较鲜艳，无芒。灌浆后颖色转为深紫红色至紫褐色，穗长23～26cm，灌浆后稻穗逐渐弯垂（图3-59，图3-60）。株高108cm。

观赏时期及部位：出苗至灌浆中期观叶色及其变化，抽穗至蜡熟观穗色和穗形变化。

应用途径：制作变色稻田画，制作景观，庭院种植，叶穗插花。

图3-59 华农089稻穗（左：破口期，中：扬花末期，右：蜡熟期）

图3-60 华农089稻株（左：孕穗期，右：灌浆前期）

二十六、紫衣

来源： 西昌学院选育

观赏特性： 出苗后叶色由绿色变为粉紫色，颜色较淡，叶舌红色，灌浆后期叶片偏紫红色，叶长而直、内卷，叶顶远高于穗层。颖壳浅绿色，护颖白色，稃尖红色，无芒，成熟时穗谷黄色。穗长23～25cm，灌浆后稻穗逐渐弯垂（图3-61～图3-63）。株高91cm。

观赏时期及部位： 全生育期观叶色和株形。抽穗至灌浆后期观开花和穗形变化。

应用途径： 制作稻田画，制作景观，庭院种植，可盆栽，叶穗插花。

图3-61　紫衣稻株（分蘖中期）

图3-62　紫衣稻穗（扬花期）

图3-63　紫衣稻株（左：灌浆前期，右：灌浆后期）

二十七、PLW

来源：日本引进

观赏特性：出苗后新生叶片由绿色转为紫色，着色比较均匀。分蘖期紫色渐渐变淡，绿色加深，着色不均匀，叶边沿、叶脉和叶鞘紫色清晰，至抽穗时叶片基本呈绿色，仅叶脉、叶鞘和叶背少许紫色，到灌浆期叶片几乎变为绿色，叶鞘保持紫色。叶片直立，株型紧凑。颖壳绿色，秤尖和颖壳棱线紫褐色，无芒，护颖深褐色，穗长17～19cm（图3-64～图3-66）。株高97cm。

观赏时期及部位：出苗至灌浆中期观叶色变化，抽穗至蜡熟观穗色和穗形变化。

应用途径：制作景观，庭院种植，稻穗插花。

图3-64 PLW稻株（左：幼苗期，右：分蘖后期）

图3-65 PLW稻穗（灌浆初期）

图3-66 PLW稻株（灌浆中期）

二十八、白拂

来源：西昌学院选育

观赏特性：分蘖后绿色稻叶上逐渐出现白色条纹，白比20%～30%，分蘖后期白比减少。穗长24～26cm，颖壳、稃尖和护颖黄白色，白色长曲芒，芒长4～8cm。颖壳色随着灌浆逐渐变为白绿色或出现绿色条纹，蜡熟期芒和颖壳谷黄色（图3-67～图3-69）。株高131cm。

观赏时期及部位：抽穗至蜡熟期观穗色和穗形变化。

应用途径：制作变色稻田画，制作景观，庭院种植，稻穗插花。

图3-67　白拂稻穗（左：扬花期，右：灌浆中期）

图3-68　白拂群穗（灌浆初期）　　　　图3-69　白拂稻株（灌浆初期）

二十九、红拂

来源：西昌学院选育

观赏特性：分蘖后绿色稻叶上出现少量白色条纹，白比10%～20%。抽穗初期颖壳白绿色，然后从稃尖及棱线出现粉红晕并逐渐扩散到整个颖壳，护颖、稃尖和芒鲜红色。随着灌浆，实粒颖壳变为紫红色至紫褐色，秕壳粉红色，芒深红色。穗长25～28cm，芒多，芒长4～6cm，穗长大丰满，观赏时间长（图3-70，图3-71）。株高130cm。

观赏时期及部位：抽穗至蜡熟期观穗色和穗形变化。

应用途径：制作变色稻田画，制作景观，庭院种植，稻穗插花。

图3-70　红拂稻穗（左：扬花末期，右：灌浆初期）

图3-71　红拂稻株（左：扬花末期，右：灌浆中期）

三十、粉拂

来源：西昌学院选育

观赏特性：叶绿色、宽而长，茎秆坚韧。抽穗初期颖壳为黄绿色，然后逐渐变为粉绿色，至灌浆中后期呈浅粉红褐色，蜡熟期稻穗黄褐色。粉红长直芒，芒长3～5cm，护颖褐红色。穗长27～30cm，灌浆后期稻穗长而弯垂（图3-72，图3-73）。株高155cm。

观赏时期及部位：抽穗至蜡熟期观穗色和穗形变化以及稻株形态。

应用途径：制作景观，庭院种植，稻穗插花。

图3-72 粉拂稻穗（左：抽穗扬花期，中：灌浆前期，右：灌浆中期）

图3-73 粉拂群穗和稻株（灌浆中期）

三十一、紫尾

来源：西昌学院选育

观赏特性：分蘖后绿色稻叶上逐渐出现绿白相间条纹，白比30%左右，叶内卷，株型紧凑，秆壮抗倒。抽穗初期颖壳白色，护颖和稃尖红色，深红色长曲芒，芒长4～7cm，然后颖壳渐变为粉紫红色至紫褐色，斑状着色，护颖和芒色渐变为深紫红色到紫黑色。穗长24～28cm，粒多、芒多、穗丰满（图3-74～图3-76）。株高142cm。

观赏时期及部位：分蘖至孕穗期观叶色，抽穗至灌浆后期观穗色和穗形变化。

应用途径：制作景观，庭院种植，稻穗插花。

图3-74 紫尾稻穗（左：扬花期，右：灌浆初期）

图3-75 紫尾群穗（灌浆初期）

图3-76 紫尾稻株（灌浆中期）

三十二、红尾

来源：西昌学院选育

观赏特性：分蘖后绿色稻叶上逐渐出现绿白相间条纹，白比30%～40%，叶内卷，株型紧凑，秆壮抗倒。抽穗初期颖壳白色，护颖、稻芒和稃尖鲜红色，曲芒，长3～6cm，然后颖壳逐渐变为紫红色至紫褐色，斑状着色，护颖和芒色逐渐变为深红色至紫黑色。穗长23～26cm，粒多、芒多、穗丰满（图3-77～图3-79）。株高123cm。

观赏时期及部位：分蘖至孕穗期观叶色，抽穗至蜡熟期观穗色和穗形变化。

应用途径：制作景观，庭院种植，稻穗插花。

图3-77　红尾稻穗（左：扬花初期，右：灌浆初期）

图3-78　红尾群穗（抽穗扬花期）　　　　图3-79　红尾稻株（灌浆初期）

三十三、绛朱

来源： 西昌学院选育

观赏特性： 分蘖后绿色稻叶上逐渐出现白色条纹，白比20％～30％。抽穗后颖壳由白绿色逐渐变为粉褐色，背光面颖壳色淡，棱线色浓，护颖和稃尖由深红色变为黑红色。随着灌浆，颖壳变为紫褐色，芒紫黑色，长2～4cm略弯曲。枝梗较长，穗弯垂，穗长24～28cm（图3-80，图3-81）。株高115cm。

观赏时期及部位： 抽穗至蜡熟期观穗色和穗形变化。

应用途径： 制作景观，庭院种植，稻穗插花。

图3-80 绛朱稻穗（左：灌浆前期，右：灌浆中期）

图3-81 绛朱稻株（左：灌浆前期，右：灌浆后期）

三十四、绿意红情

来源：西昌学院选育

观赏特性：叶绿色内卷，秆壮叶直，植株挺拔。抽穗后颖壳由黄绿色逐渐变为粉褐色，进入灌浆变为紫红色，秤尖粉红色，穗长18～20cm，有少量短顶芒。在抽穗至灌浆前期因主穗和各级分蘖穗抽出时间差异，穗呈不同颜色，在绿叶的衬映下稻穗较鲜艳（图3-82，图3-83）。株高135cm。

观赏时期及部位：抽穗至蜡熟期观颖壳色泽变化和稻穗形态变化。

应用途径：制作景观，庭院种植，稻穗插花。

图3-82　绿意红情稻穗（扬花末期）

图3-83　绿意红情稻株（左：灌浆前期　右：灌浆后期）

三十五、彩珠

来源： 西昌学院选育

观赏特性： 叶绿色。抽穗初时颖壳白绿，稃尖和护颖玫红色，无芒。开花后颖壳逐渐出现紫红色条纹并扩散到整个颖壳，蜡熟变为浅褐色。穗长 22 ～ 24cm。灌浆后弯垂的稻穗像悬挂的彩色珠串（图3-84，图3-85）。株高 165cm。

观赏时期及部位： 抽穗至蜡熟期观开花、穗色和穗形变化。

应用途径： 制作景观材料，庭院种植，稻穗插花。

图3-84　彩珠稻穗（左：扬花初期，右：灌浆前期）

图3-85　彩珠弯垂的稻穗

三十六、D51

来源： 日本引进

观赏特性： 叶绿秆壮。抽穗初期颖壳绿色，护颖红褐色，白色长芒快速变为红色。进入灌浆后，芒色逐渐变为深紫红色至紫黑色，颖壳上出现褐色条纹，蜡熟期又退色变浅为谷黄色。穗长28～32cm，芒长4～6cm。灌浆后稻穗长而弯垂（图3-86，图3-87）。株高172cm。

观赏时期及部位： 抽穗至蜡熟期观开花、穗色和穗形变化。

应用途径： 制作景观，庭院种植，稻穗插花。

图 3-86　D51 稻穗（左：扬花初期，右：灌浆中期）

图 3-87　D51 稻穗和稻株（蜡熟期）

三十七、黄谷

来源：四川省成都市引进

观赏特性：叶绿色，较宽长。穗长22～24cm，抽穗初期颖壳黄绿色，稃尖紫黑色，周围紫褐色，有少量深红色短顶芒，护颖红褐色。随着灌浆，颖壳色逐渐变为锈黄色，颖尖周围紫黑色，芒和护颖褐色，秕壳紫褐色（图3-88，图3-89）。株高126cm。

观赏时期及部位：抽穗至蜡熟期观穗色和穗形变化。

应用途径：制作景观，庭院种植，稻穗插花。

图3-88 黄谷稻穗（左：扬花期，中：灌浆前期，右：灌浆后期）

图3-89 黄谷稻株（左：抽穗期，右：灌浆中期）

三十八、红缕

来源： 西昌学院选育

观赏特性： 叶绿色，茎秆较壮，株型紧凑。抽穗初时颖壳绿色，玫红色长芒，芒长4～7cm，鲜艳有光泽，开花后颖壳上逐渐出现褐色条纹，蜡熟期变为黄褐色。穗长24～26cm，灌浆后稻穗弯垂（图3-90～图3-93）。株高135cm。

观赏时期及部位： 抽穗至蜡熟期观穗色和穗形变化。

应用途径： 制作景观，庭院种植，稻穗插花。

图3-90 红缕稻芒

图3-91 红缕群穗（灌浆初期）

图3-92 红缕稻穗（左：扬花期，右：蜡熟期）

图3-93 红缕稻株（灌浆中期）

三十九、アクネモチ

来源：日本引进

观赏特性：叶绿色。穗长23～26cm，抽穗初期颖壳绿色，护颖黑褐色，紫黑色长芒，芒长4～6cm，然后颖壳快速变为紫褐色至紫黑色，整个稻穗都呈紫黑色（图3-94～图3-96）。株高138cm。

观赏时期及部位：抽穗到蜡熟期观穗色和穗形变化。

应用途径：制作景观，庭院种植，稻穗插花。

图3-94　アクネモチ稻芒

图3-95　アクネモチ稻穗（灌浆后期）

图3-96　アクネモチ群穗（左：抽穗期，右：灌浆前期）

四十、アハガラシマイ

来源： 日本引进

观赏特性： 叶绿色，株型较紧凑。抽穗后颖壳由绿色快速变为红褐色至紫褐色，护颖红褐色，芒长3～5cm，由红色逐渐变为紫红色。芒多、穗丰满，抽穗至灌浆前期穗色鲜艳（图3-97～图3-99）。株高118cm。

观赏时期及部位： 抽穗至灌浆后期观穗色和穗形变化。

应用途径： 制作变色稻田画，制作景观，庭院种植，稻穗插花。

图3-97　アハガラシマイ稲穗（左：抽穗扬花期，右：灌浆中期）　图3-98　アハガラシマイ稲株（灌浆中期）

图3-99　アハガラシマイ群穗（灌浆前期）

四十一、麦稻

来源：四川省成都市引进

观赏特性：株型紧凑，叶绿色。颖壳浅绿色，护颖白绿色，白色长芒，芒长3～4cm，芒多。穗长11～13cm，穗短丰满，形似麦穗，谷粒短圆，蜡熟时穗色谷黄（图3-100，图3-101）。株高95cm。

观赏时期及部位：抽穗至蜡熟期观稻芒、粒形和穗形。

应用途径：制作景观，庭院种植，稻穗插花，可盆栽。

图3-100　麦稻稻穗（左：开花末期，右：灌浆前期）

图3-101　麦稻稻穗和稻株（成熟期）

四十二、俏粉

来源： 西昌学院选育

观赏特性： 株矮叶短，稻叶绿色外卷，颖壳绿色，护颖红色，玫红色长芒，芒长 3～5cm，芒多。抽穗初期穗顶部稻芒扭在一起，然后逐渐散开。玫红色稻芒在绿叶的映衬下鲜艳夺目并持续到灌浆后期。蜡熟期稻穗谷黄色，穗长 14～16cm（图3-102～图3-104）。株高48cm。

观赏时期及部位： 分蘖至蜡熟期观株形，抽穗至蜡熟期观稻芒色泽和穗形变化。

应用途径： 制作变色稻田画和景观，庭院种植，稻穗插花，可盆栽和设施种植。

图3-102　俏粉稻穗（扬花末期）

图3-103　俏粉稻株（扬花末期）

图3-104　俏粉群穗（灌浆后期）

四十三、粉珠

来源： 西昌学院选育

观赏特性： 稻叶绿色，分蘖期反卷。抽穗初期颖壳绿色，护颖红色，粉红色中长稻芒，芒长4～6cm，穗长15～18cm，穗顶部稻芒扭在一起，随着灌浆，稻芒逐渐散开，粉红色稻芒在绿叶的映衬下分外艳丽且持续时间长。颖壳上着粉黄色，蜡熟期变为谷黄色（图3-105，图3-106）。株高74cm。

观赏时期及部位： 分蘖至蜡熟期观株形，抽穗至蜡熟期观穗色和穗形变化。

应用途径： 制作变色稻田画和景观，庭院种植，稻穗插花，可盆栽和设施种植。

图3-105　粉珠稻穗（左：扬花期，中：灌浆前期，右：灌浆后期）

图3-106　粉珠稻株（左：灌浆初期，右：灌浆后期）

四十四、红紫

来源：西昌学院选育

观赏特性：稻叶绿色，分蘖期外卷。穗长16～19cm，抽穗初期颖壳绿色，护颖红色，鲜红色中长芒，芒长4～6cm，穗顶部稻芒扭在一起，然后逐渐散开。随着灌浆，护颖变为褐红色，稻芒逐渐变为深红色至紫黑色，颖壳出现红褐色晕并逐渐变浓扩散。灌浆后稻穗下弯，穗层厚实（图3-107～图3-109）。株高71cm。

观赏时期及部位：分蘖至蜡熟期观株形，抽穗至蜡熟观穗色和穗形变化。

应用途径：制作变色稻田画和景观，庭院种植，稻穗插花，可盆栽和设施种植。

图3-107　红紫稻穗（左：盛花期，右：灌浆后期）　　图3-108　红紫稻株（灌浆前期）

图3-109　红紫群穗（灌浆后期）

四十五、粉玉

来源：西昌学院选育

观赏特性：株矮叶短，移栽返青后绿色稻叶上出现白色条纹，白比30%～40%，分蘖后期白比减少。刚抽穗时颖壳白绿，护颖、颖尖和稻芒粉色，穗顶部稻芒扭在一起，然后逐渐散开，芒长3～5cm。随着开花，稻芒和护颖颜色变浓为粉红色至玫红色，颖壳上出现粉晕并逐渐变为粉色，穗色粉红鲜艳且持续时间长（图3-110，图3-111）。株高55cm。

观赏时期及部位：分蘖期观叶色，分蘖至蜡熟期观株形，抽穗至蜡熟期观穗色变化。

应用途径：制作变色稻田画和景观，庭院种植，稻穗插花，可盆栽和设施种植。

图3-110 粉玉稻穗（左：开花末期，右：灌浆前期）

图3-111 粉玉稻株（左：分蘖后期，右：灌浆前期）

四十六、翠红

来源： 西昌学院选育

观赏特性： 株矮叶短，进入分蘖后绿色稻叶上出现白色条纹，白比30%～50%。穗长15～18cm，刚抽穗时颖壳白绿色，护颖、稃尖和稻芒鲜红色，顶部稻芒扭在一起，芒长2～4cm。随着开花，稻芒逐渐散开，颖壳上出现粉红晕并逐渐扩散呈粉褐色，鲜艳穗色可保持到灌浆后期。红色稻穗在绿白叶衬托下醒目（图3-112，图3-113）。株高61cm。

观赏时期及部位： 分蘖至灌浆后期观株形和叶色，抽穗至蜡熟期观穗色和穗形变化。

应用途径： 制作变色稻田画和景观，庭院种植，叶穗插花，可盆栽和设施种植。

图3-112　翠红稻穗（左：扬花后期，右：灌浆中期）

图3-113　翠红稻株（左：分蘖后期，右：灌浆中期）

四十七、翠紫

来源：西昌学院选育

观赏特性：移栽返青后深绿色稻叶上出现白色条纹，白比40%～50%，分蘖后期有所减少，叶片宽短，剑叶夹角较大。穗长16～18cm，刚抽穗时颖壳白绿色，护颖、稃尖和稻芒暗红色，顶部稻芒扭在一起，然后颖壳上出现紫红晕并快速扩散，至灌浆初期变为紫褐色，稻芒散开变为紫黑，并保持到灌浆后期，芒长2～4cm。（图3-114，图3-115）。株高76cm。

观赏时期及部位：分蘖至蜡熟期观叶色和株形，抽穗至蜡熟期观穗色和穗形变化。

应用途径：制作变色稻田画和景观，庭院种植，叶穗插花，可盆栽和设施种植。

图3-114　翠紫稻穗（左：抽穗期，右：灌浆前期）

图3-115　翠紫稻株（左：分蘖末期，右：灌浆后期）

四十八、红丝

来源： 西昌学院选育

观赏特性： 移栽返青后在深绿色稻叶上出现少量白色条纹，孕穗后转绿。颖壳绿，抽穗初时护颖、稃尖和稻芒粉色，然后颜色渐浓呈红色，蜡熟期穗谷黄色。芒稀疏，长2～3cm。矮小的绿色稻株有几丝红色点缀，清爽中增添了一抹鲜亮（图3-116，图3-117）。株高51cm。

观赏时期及部位： 分蘖至蜡熟期观株形，抽穗至蜡熟观穗色和穗形变化。

应用途径： 制作景观，庭院种植，稻穗插花，可盆栽和设施种植。

图3-116 红丝稻穗（左：扬花期，右：灌浆中期）

图3-117 红丝稻株（左：灌浆中期俯视照，右：灌浆中期正视照）

四十九、紫线

来源：西昌学院选育

观赏特性：株矮叶短，移栽返青后在绿色稻叶上出现白色条纹，白比30%～40%，分蘖后期逐渐减少，抽穗后近似绿色。刚抽穗时颖壳浅绿色，护颖、稃尖黑褐色，然后在颖尖周围及沿棱线出现紫黑晕斑。紫黑色中芒，长1～3cm，稀疏（图3-118，图3-119）。株高52cm。

观赏时期及部位：分蘖期观叶色，分蘖至蜡熟期观株形，抽穗至蜡熟期观穗色和穗形变化。

应用途径：制作变色稻田画，制作景观，庭院种植，叶穗插花。

图3-118 紫线稻穗（左：扬花末期，右：灌浆中期）

图3-119 紫线稻株（左：分蘖中期，右：灌浆中期）

五十、红唇

来源：西昌学院选育

观赏特性：叶短，移栽返青后在深绿色稻叶上出现白色条纹，白比40%～50%，分蘖后期逐渐转绿色，到抽穗时近似绿色。颖壳绿色，抽穗初期护颖和秄尖粉红色，然后颜色渐浓呈玫红色，蜡熟期穗谷黄色，无芒。抽穗后绿色丛中红星点点，美而不艳（图3-120，图3-121）。株高48cm。

观赏时期及部位：分蘖期观叶色，分蘖至蜡熟期观株形，抽穗至蜡熟期观穗色和穗形变化。

应用途径：制作景观，庭院种植，叶穗插花，可盆栽和设施种植。

图3-120　红唇稻穗（左：扬花期，右：灌浆前期）

图3-121　红唇稻株（左：分蘖后期，右：灌浆中期）

五十一、紫唇

来源：西昌学院选育

观赏特性：株矮叶短，移栽返青后在绿色稻叶上出现白色条纹，白比30%～40%，分蘖后期逐渐减少，抽穗后近似绿色。穗长14～16cm，抽穗初期颖壳浅绿色，无芒，护颖、稃尖黑褐色，然后在稃尖周围及沿棱线出现少量紫黑晕斑，蜡熟时谷黄色（图3-122，图3-123）。株高54cm。

观赏时期及部位：分蘖期观叶色，分蘖至蜡熟期观株形，抽穗至蜡熟观穗色穗形变化。

应用途径：制作变色稻田画和景观，庭院种植，叶穗插花，可盆栽和设施种植。

图3-122 紫唇稻穗（左：扬花期，右：灌浆中期）

图3-123 紫唇稻株（左：分蘖中期，右：扬花期）

五十二、欢颜

来源：西昌学院选育

观赏特性：移栽返青后绿色稻叶上出现白色条纹，白比50%左右，分蘖后期白色逐渐减少，抽穗后叶近似绿色。抽穗初期颖壳浅绿，护颖、稃尖浅粉色，然后颖壳上出现粉色晕，逐渐变浓呈粉褐色并扩散到整个颖壳，护颖、稃尖变鲜红色，蜡熟期穗色灰黄色，无芒，穗长15～17cm。稻穗从不起眼的绿色变成艳丽的粉褐色（图3-124，图3-125）。株高52cm。

观赏时期及部位：分蘖期观叶色，分蘖至蜡熟期观株形，抽穗至蜡熟观穗色穗形变化。

应用途径：制作变色稻田画和景观，庭院种植，叶穗插花，盆栽和设施种植。

图3-124　欢颜稻穗（左：扬花末期，右：灌浆中期）

图3-125　欢颜稻株（左：分蘖末期，右：灌浆中期）

五十三、翠黄

来源： 西昌学院选育

观赏特性： 株矮叶短，移栽返青后绿色稻叶上出现白色条纹，白比30%～40%，分蘖后期逐渐减少。穗长13～15cm，颖壳浅绿色，护颖和稃尖黄绿色，无芒，蜡熟期穗谷黄色，似普通稻株的缩小版。株高49cm。

观赏时期及部位： 分蘖期观叶色，分蘖至蜡熟期观株形，抽穗至蜡熟期观穗色穗形变化。

应用途径： 制作景观，庭院种植，叶穗插花，可盆栽和设施种植。

图3-126 翠黄稻穗（左：扬花期，右：灌浆中期）

图3-127 翠黄稻株（左：分蘖后期，右：灌浆中期）

五十四、矮橙

来源： 日本引进

观赏特性： 植株矮小，株型比较紧凑。长出的新叶由黄绿色转变为橙红色，叶鞘和叶舌红褐色，叶片短，抽穗后叶色逐渐变为黄褐色至绿褐色。抽穗时颖壳黄绿色，稃尖红，护颖红褐色，扬花后颖壳上出现褐点，稃尖和护颖逐渐变为紫褐色（图3-128，图3-129）。籽粒小而短圆，穗短而直立，穗长9～12cm。株高49cm。

观赏时期及部位： 全生育期观叶色和株形。抽穗至灌浆后期观穗色和穗形。

应用途径： 制作稻田画，制作景观，庭院种植，可盆栽和设施种植，叶穗插花。

图3-128　矮橙稻叶（左：分蘖前期，右：分蘖后期）

图3-129　矮橙稻株（左：扬花期，右：灌浆中期）

五十五、矮紫-D63

来源：日本引进

观赏特性：植株矮小，株型紧凑。新长出的叶片由绿色变为紫褐色，叶鞘、叶舌和叶枕也呈紫褐色，着色均匀。叶片短而直立。抽穗时颖壳绿色，稃尖褐红色，少量褐红色短顶芒，护颖褐色至深褐色，灌浆中后期颖壳上出现褐斑，蜡熟期颖色转为谷黄色。籽粒小而短圆，着生较密，穗短而直立，穗长11～13cm（图3-130～图3-132）。株高52cm。

观赏时期及部位：全生育期观叶色和株形。抽穗至灌浆末期观穗色和穗形。

应用途径：制作稻田画，制作景观，庭院种植，可盆栽和设施种植，叶穗插花。

图3-130　矮紫-D63稻叶（分蘖末期）　　　　图3-131　矮紫-D63稻株和稻穗（开花期）

图3-132　矮紫-D63稻株（左：灌浆末期，右：蜡熟期）

五十六、观稻AD59

来源： 日本引进

观赏特性： 植株矮小，株型紧凑，叶片直立，叶色深绿。颖壳绿色，颖尖和护颖浅绿色，零星短顶芒，籽粒小而短圆，摆籽较密，穗短而直立，穗长9～12cm（图3-133，图3-134）。株高47cm。

观赏时期及部位： 全生育期观株形，抽穗至成熟期观穗色和穗形。

应用途径： 制作稻田画，制作景观，庭院种植，可盆栽和设施种植，叶穗插花。

图3-133　观稻AD59稻穗（左：扬花期，右：蜡熟期）

图3-134　观稻AD59稻株（左：破口期，右：蜡熟期）

五十七、卷叶稻

来源：四川省成都市引进

观赏特性：株型特别，抽穗前植株矮小，绿色叶片上有紫晕，叶片细长，主脉不明显，近叶鞘处叶片无序扭曲下垂。拔节和抽穗期并进，剑叶细短，穗长17～20cm。秆尖红色，无芒，颖壳黄绿色，成熟时谷黄色（图3-135～图3-138）。株高91cm。

观赏时期及部位：分蘖至灌浆期观叶形和株形。

应用途径：制作景观，庭院种植，可盆栽和设施种植。

图3-135　卷叶稻稻株（分蘖中期）

图3-136　卷叶稻稻穗（抽穗期）

图3-137　卷叶稻扭曲的稻叶

图3-138　卷叶稻稻株（左：破口期，右：灌浆后期）

Part 4 ————————

第四章 观赏稻栽培技术

大面积农业生产水稻种植是为了获得稻谷，栽培技术以稻谷高产、稳产和优质为目的。观赏稻除了要有一定的产量外，作为观赏植物，其栽培技术主要以延长稻株生长时间和增强稻株观赏性为目的。同为水稻种植，因栽培目的不同，其栽培技术有较大差异。

一、环境因素对观赏稻生长的影响

生长环境中的光照、温度、水分、土壤养分和空气对观赏稻生长具有较大的影响，其中温度、光照对观赏稻的色泽变化起着非常重要的作用。

（一）温度

稻株在不同的生育时期对温度的需求不同。稻种发芽需要的最低温度籼稻为12℃，粳稻为10℃，适宜温度30～32℃，最高温度可达40～42℃，低温会导致烂种、烂芽和烂秧，温度过高会造成烧芽、烧苗，甚至死苗。在30～32℃环境中稻株分蘖旺盛，水温低于22℃，稻株分蘖少而缓慢。幼穗分化的适宜温度为26～30℃，在减数分裂期，温度过高或过低都会引起颖花的大量败育和不孕。温度低于22℃会严重影响水稻开花，高温开花时间短，低温开花时间长。适宜的灌浆温度，有利于延长积累营养物质的时间，细胞老化慢，呼吸消耗少，米质好。

温度对叶色突变稻株的影响差异很大。同是叶色变异的白色、黄白色和黄绿色稻叶，对温度的反应各不相同，有的在20～23℃的低温诱导下表现突变色，有的则在30℃以上环境中表现突变色，有的对温度不是很敏感，在较宽的温度范围内都能表现。因此，一个叶色变异的品种在同一种植地的不同时间、不同种植环境或不同年份种植，出现突变时间的早晚、突变色的深浅和白色比例差异都可能很大。

（二）光照

充足的阳光能促进根系发育，提高叶片光合强度，制造有机物，增加分蘖数，有利于幼穗分化和籽粒充实。光照强度弱或光照时间短，稻株分蘖少，叶片变长，叶片总数少，植株变高，株形单薄。

光照强度和光照时间对观赏稻的色泽影响很大。对于光诱导型的叶色突变稻株，有的在强光诱导下由绿色转为白色或黄白色，弱光下叶片绿色；有的则相反，在弱光诱导下由绿色转为白色或黄白色，强光下叶片绿色（图4-1）；对于非光诱导型的叶色突变稻株，光照强弱和光照时间长短对叶色也有影响。叶色为紫、褐、粉、红等色的稻株，弱光使叶色变淡，绿色增加，甚至整株变为绿色（图4-2）。

（三）水分

观赏稻秧苗移栽后应浅水返青，水太深淹没生长点（心叶），透气性差导致烂秧或成活缓慢；分蘖期浅水有利于分蘖发生，水层超过8cm，分蘖节受光差、温度低、氧气不足，抑制分蘖发生，土壤持水量低于70%时，会严重影响稻株分蘖（图4-3）。幼穗分化至抽穗阶段，要求田间持水量饱和，缺水影响颖花发育，降低稻穗观赏性，同时籽粒灌浆不足导致减产，但水分过多植株易倒伏。

图 4-1　不同光温环境对白绿叶观赏稻GY135叶色的影响
（自然光照 - 玻璃温室 - 上午4h阳光/d - 中午2h阳光/d）

图 4-2　光照强度对观叶稻叶色的影响
（左图：紫褐叶，中图：绿紫叶，右图：白绿叶；左盆：自然光照，右盆：遮阳网透光率30%）

图 4-3　不同浇水方式对白绿叶观赏稻GY135生长的影响
（左：保持1cm水层，中：保持4cm水层，右：每次浇水深5cm，至盆中无明水时再浇水）

(四）土壤养分

三叶期后种子养分耗尽，需通过根系吸收土壤中的养分供稻株生长需要。分蘖期土壤养分充足可促进秧苗生长，分蘖快而多，养分不足则分蘖少或停止分蘖（图4-4）；幼穗分化是营养生长和生殖生长并进时期，这一时期缺乏营养，不利于幼穗分化。灌浆期适当追施氮肥，可增加稻叶的光合作用，提高根系活力，防止叶片早衰，延长观赏时间。

图4-4　土壤养分对观赏稻生长的影响（左：矮株型，右：中株型）

(五）空气

稻株进行光合作用，需吸收二氧化碳，根系的发生、伸长和对养分的吸收、转化等生理活动，都要有足够的氧气。缺氧会影响根系生长和生理功能，根系活力也会丧失。

二、观赏稻栽培技术

观叶型观赏稻栽培技术以延长稻叶寿命、防止叶片早衰和保持稻叶特有色彩为主，观穗型观赏稻栽培技术以增加稻穗数量和保持稻穗鲜艳为主，观株型观赏稻栽培技术以保持稻株的特异形态为主。观赏稻种植方式有多种，除了在稻田种植，也可以进行水池、盆钵等种植，还可以用作园林景观制作和庭院阳台花卉栽培，或利用现代农业设施进行无土栽培。因此，观赏稻因观赏类型和种植方式不同栽培技术要点也有所差异。

（一）观叶型观赏稻栽培技术

1.种子处理

选种和晒种：选取发芽率高的饱满种子在阳光下晒种2d，可起到杀菌并提高种子活力的作用。

浸种：采用常规的水稻浸种药剂进行浸种，杀死稻种表面的有害病菌，预防水稻种传病害发生。

催芽：将浸种好的种子进行适当催芽，催芽时注意控制种堆温度保持在30～35℃，既可防止温度过高烧芽，又能保证种子出芽快而整齐。

2.播种育秧

播种时间：露地种植与当地水稻播种时间相同。栽培设施内播种时间不受限制，只需设置适宜的光温条件。

播种量：对于水稻叶色突变的品种，其播种量应适当增加，稻叶黄色类的播种量增加10%；白绿叶类的种子出苗后，会有一定比例的白化苗在三叶期死亡，因此播种量应根据品种白化苗比例增加50%～200%。

秧田准备：选择避风朝阳、排灌方便、地力均匀、土壤肥力中上、犁耙后土细田平的地块作秧田，也可在塑料大棚、温室等栽培设施内进行育秧。

育秧：育秧方式主要有湿润育秧、秧盘育秧、钵盘育秧和旱育秧。首选秧盘育秧和钵盘育秧，优点一是能保证播种均匀，二是便于秧苗运输，三是起秧时对根系损伤小，利于栽后快速成活，四是秧苗根系盘结，有利于移栽时浅栽不倒苗和低节位分蘖发生。栽植面积大，可采用机播钵盘育苗。播种要精细、均匀、稀播，每孔播1～2粒种子，利于秧苗长势一致和促使秧苗早分蘖。播完种后将育秧盘整齐地摆放在厢面，用蓝膜拱膜覆盖，既可保温、保湿，又能防止秧苗与薄膜接触导致烧芽和烧苗，还能防止鸟雀啄食。

3.秧田管理　从播种至一叶一心期，要求薄膜密闭创造高温高湿环境，促进种子迅速扎根立苗。出苗后膜内温度超过35℃时，应采取措施降低膜内温度。

降温方法1：将拱膜两头揭开通风降温。此法适用于厢面长度超过12m，或当地空气流动慢（风小）的育秧田。

降温方法2：在拱膜的两头中上部破一个40cm²的通气孔，再在拱膜顶部每隔2m破一个30cm²的透气孔（图4-5），可有效避免高温烧芽，又能保证膜内有较高的温度促进秧苗生长，特别是在风大盖膜难度大的地区，避免频繁揭膜盖膜，省工省力。此法适用于厢面长度不足12m，或当地空气流动快（风大）的育秧田。若遇寒潮，可用宽透明胶布封孔保温。

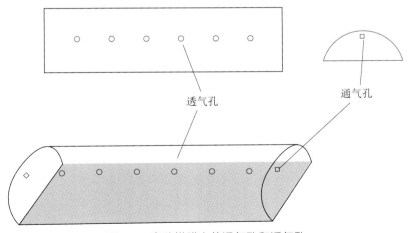

图4-5　育秧拱膜上的通气孔和透气孔

（上：俯视图，下：侧视图，右：正视图）

一叶一心至二叶一心期，要适温保苗，逐步增加通风时间，或增加膜上的透气孔数量，既保证秧苗有较快的生长速度，又保证其稳长、健长，并逐步适应膜外环境。

二叶一心至三叶期，秧苗经过2～3d日揭夜盖炼苗后，灌水揭膜。揭膜前保持厢面土壤和秧盘土壤湿润，揭膜后至移栽保持浅水层，不能淹过心叶。若遇寒潮、冰雹天气，灌深水护苗或重新覆膜。

4.移栽 秧苗主苗五叶期时进行移栽，秧龄最好不要超过40d。可移栽至大田、盆钵、水池或制作景观的地方，移栽地环境应通风透气，光照充足，温度适宜。移栽地的土壤要深厚，施足底肥，栽插要浅而稳，苗要栽正，栽插深度以植株能站立不倒为宜，利于早发、多发根和促进低节位分蘖早生快发。移栽密度与当地普通水稻相比略稀，促使分蘖多发。

5.剪穗、剪茎 在园林景观制作、庭院阳台花卉和农业设施种植时，为延长稻叶观赏时间，可采取剪穗和剪茎措施。

图4-6 剪穗部位

剪穗：扬花后，在剑叶叶鞘口处剪除稻穗（图4-6），剪穗的目的是切断光合营养向穗部输送，使根、茎、叶获得更多的养分，利于茎基部产生新的分蘖。从剑叶叶鞘口剪穗，一是为了保护叶片不受损伤，并充分利用剑叶和倒二、倒三叶制造光合产物；二是剪口处未明显外露，不影响观赏；三是留在叶鞘中的茎可支撑叶鞘不发生折伤，保证剑叶正常生长。扬花后剪穗，是因为新抽出的稻穗娇嫩，具有很好的观赏性，特别是对于稻穗色彩鲜艳兼具观叶和观穗的品种，剪穗时间可推迟到灌浆中期。

剪茎：待下部有2/3的新分蘖长出2片以上叶，或剪穗茎上的叶片出现衰老迹象时，在基部距土面3cm处剪除。留茬低，新长出的分蘖苗能将剪口遮掩。剪茎时注意勿伤分蘖苗。

先剪穗，后剪茎，中间有一个间隔时间，保证了稻株一直有叶片供观赏，避免直接剪茎植株叶片量过少，导致在一段时间内观赏价值缺失。每一穴的茎分次剪除，还能避免植株突然变矮对景观整体观赏性的影响。

观赏稻的剪穗和剪茎与水稻生产上的再生稻种植是有差别的，一是在割穗的时间上，再生稻种植是待第一批抽出的稻穗成熟后收割；二是在剪茎的部位上，再生稻种植留茬较高。

第二次剪穗、剪茎：第二批穗抽出后再从剑叶叶枕处剪除稻穗。剪茎时间为该茎上的叶片转黄或出现衰老迹象时。剪茎过早，会因为秋季气温下降，稻株分蘖发生和生长变缓，稻株整体显得单薄，降低观赏性。如果下部有较多分蘖（≥10蘖/穴），且夜间温度≥15℃，日均气温≥20℃，可根据需要在下部分蘖长出2～3片叶时进行分次剪茎。

6.光照调节 弱光诱导的叶色突变稻株，在连日强光照叶片有转绿倾向时，可采取适当遮光、减少光照时间等措施诱导突变色出现。强光诱导的叶色突变稻株，在连续阴雨天气的影响下可采取人为补光措施。种植在栽培设施内的叶色突变稻株，根据需要人为调节光照时间和光照强度。对于黄色、粉红色、紫褐色等观叶型观赏稻则需要充足的光照。

7.温度调节　利用农业设施种植，可针对不同品种所需的诱导温度调节设施内温度，诱导突变色出现，提早进入观赏期并保持较长的观赏时间。

从播种到分蘖前期，调节并保持30～32℃的温度环境，有利于稻株早生快发，增加分蘖数和快速长出较多的稻叶。剪穗以后保持30～32℃能促进基部腋芽萌发长出较多新分蘖。

8.施肥

（1）**秧田施肥**　秧苗二叶一心时，用7 500kg/hm²清粪水泼施，以后每隔7d追肥一次，根据秧苗长势确定用量，泼施后用适量清水洗苗避免烧叶。追肥后1～2d内保持浅水层，以便肥料扩散均匀。移栽前5d追施一次"送嫁肥"。

（2）**移栽后施肥**　施肥技术以移栽至大田种植为例。施肥量比当地大田稻谷生产要高一些，特别是氮肥的用量略高，目的是使稻株有较好的营养，增加分蘖，叶片生长茂盛并延长叶片的生存时间，使稻株株型丰满，提高观赏性。施肥量多少根据土壤肥力、不同品种的需肥特性和稻株长势确定。

底肥和耙面肥：用腐熟的堆厩肥（作物秸秆与牲畜粪混合堆沤腐熟）22 500kg/hm²于犁田前均匀撒施于田面，一犁一耙后灌水泡田，然后再结合犁耙将其均匀混合于耕作层。堆厩肥营养均衡，养分释放慢，在水稻生长后期仍能持续为稻株提供营养。最后一次耙田前，均匀施用氮磷钾三元复合肥300～375kg/hm²。

追肥：移栽返青后10～15d视苗情追施尿素150～225kg/hm²。在分蘖中后期根据田间植株长势适当追施尿素75～150kg/hm²，使小分蘖苗能获得充足的养分减少死亡。在幼穗分化期，根据田间长势追施适量水溶性复合肥45～75kg/hm²，给稻株补充养分，防止稻株缺素。

剪穗后追肥：第一次剪穗后视苗情追施尿素45～75kg/hm²，以促进茎基部休眠芽的生长，保持稻叶生长茂盛，延长老根寿命，此后根据苗情长势适量追施尿素，保持稻株叶片有良好的长势。

用于景观园林、盆钵、水培等的观赏稻种植，以实际测定面积换算施肥量，施肥时间相同。

9.水浆管理　浅水移栽，返青后保持3cm水层，有利于提高土壤温度和水温，促进分蘖。分蘖后期至抽穗，田间叶面积大，蒸发量大，应保持3～5cm的水层，以满足稻株生长所需；剪穗后，保持3cm左右的水层。一般在观叶稻的整个生长过程中不断水，不控制无效分蘖的发生，分蘖越多，稻株越显茂盛，观赏性越好，但对于茎秆细、株型散、易倒伏和兼具观穗（穗慢变色）的观叶型品种，应晒田控制分蘖和降株高，预防倒伏。

10.植物生长调节剂的使用　每次剪穗后，可选用能促进植株生长的植物生长调节剂进行叶面喷施，能有效延迟叶片衰老、促进新分蘖的发生和分蘖苗生长，使稻株株形丰满，保持良好的观赏性状。

11.稻株整理　对于盆钵种植、设施种植和无土栽培的稻株定期进行植株整理，清除枯叶和老黄叶，使稻株一直保持生机昂然的姿态。

12.病虫草防治　以预防为主，根据当地常年病虫害发生规律，提前进行预防。防治方法与普通水稻基本相同。需要注意的是对于叶色白（黄白、粉）比例较大的品种，因其叶绿素比普通稻株少，合成的光合产物也较少，植株对病害的抵御能力相对较弱，要勤于田间检查，发现问题及时防治。对于叶片长披的稻株，因叶片重叠，行间通风透光不良，易感病，同样是防重于治。

（二）观穗型观赏稻栽培技术

种子处理、播种育秧、移栽和秧田管理等栽培技术与观叶型观赏稻相同，但在移栽后的追肥和水分管理上有差别，并因品种特性、利用方式不同，栽培技术也有一些差异。

1.观赏时间在灌浆中后期的品种　长穗型品种和稻穗慢变色品种的主要观赏时间在灌浆中后期，为了保持良好的观赏性，应延缓叶片衰老和防止稻茎折断与倒伏。栽培技术上应采取以下措施：

（1）**合理稀植**　适当降低基本苗，采用宽窄行或宽行窄窝种植，充分利用边际效应，增加通风透光。

（2）**适时晒田**　在分蘖后期撤水晒田，减少无效分蘖发生，并降低稻株高度。

（3）**增钾控氮**　重底肥，轻追肥，在底肥和耙面肥施用上，注意适当增施钾肥和控施氮肥。

（4）**叶面施肥**　扬花后进行叶面喷施水溶性肥或植物生长调节剂，延缓稻叶衰老。

这几项栽培措施也适合植株较高和茎秆纤细的观穗型品种。

2.矮株型品种　矮株型稻株在出苗至分蘖前期很矮，移栽时需浅栽，秧苗立稳即可，忌深插。水分管理方面应浅水灌溉，淹没心叶不利于秧苗生长和分蘖。

矮株型稻株一般不存在倒伏的风险，穗多株型丰满的稻株观赏性更好，因此，分蘖能力弱的品种施肥量可略大；分蘖能力强株型紧凑的品种，在灌浆期，稻株中间分蘖茎中下部叶片因为相互遮荫缺少光照而早衰，影响稻株整体观赏性，应注意适时撤水晒田控分蘖，并且及时去除下部枯黄老叶。

3.兼具观叶和观穗型品种　若稻穗的最佳观赏时期在灌浆中期之前，则按照观叶型观赏稻栽培技术进行管理，并在灌浆中期进行剪穗和剪茎；若稻穗的最佳观赏时期在灌浆中后期，应适时晒田，适当减少肥料的施用量，以控制分蘖、防止倒伏。

4.用作剪穗插花的品种　此类观赏稻品种的种植目的是提高稻穗数。在栽培技术上，以促进多分蘖、提高成穗率为主。

（1）**追肥**　移栽返青后10～15d用尿素视苗情追施225～300kg/hm²。在分蘖中后期根据田间植株长势适当追施尿素150～225kg/hm²，延长分蘖时间，增加分蘖数，并使小分蘖苗能获得充足的养分，为提高成穗数打基础。在幼穗分化期，根据田间长势追施适量水溶性复合肥，给稻株补充养分，让后期发生的分蘖能正常生长。

（2）**水分管理**　不晒田，保持田间浅水层。

（3）**剪穗**　稻穗完全抽出后，在距地面10～20cm处剪下用于插花。在灌浆前就将穗剪下，消除了植株倒伏的风险，因此多次施肥和施肥量较多也不会发生倒伏，更不用担心植株贪青晚熟。适量追肥可起到促进小分蘖生长抽穗，增加穗数和延长剪穗时间的作用。在秋季气温较高的地区，加强田间管理，还可促进再生稻的发生，长成第二批稻穗。

（三）观赏稻盆钵栽培技术

1.品种选择　一般选择株高小于70cm的品种。若是种于土层深厚的大盆钵中，也可选择茎秆粗壮抗倒伏的中、高秆品种。

2.盆钵准备　选用水稻专用种植盆钵，或是底部无孔的容器，如水桶、方便快餐盒、杯子、塑料盆等（图4-7），容器可大可小，小容器种植矮株水稻，大容器种植高株、矮株水稻均可。普通花盆套两层厚型塑料袋，只要不漏水，也能用于观赏稻种植。

图4-7　可用于盆栽水稻的容器

3.盆钵放置　将盆钵放置在露地、庭院、玻璃温室、阳台（窗台）、房屋墙边（图4-8），只要每日有3h以上的阳光照射，或虽无阳光直射，但光线明亮的地方皆可。

4.播种育苗　家居庭园或阳台种植，可在盆钵里进行直播；如果盆钵数量较多，则在较大的敞口容器里育苗后再移栽，育苗盆应放置在阳光充足的地方。

直播方法：在盆钵里装入菜园土，土面距盆沿5～7cm，少量多次浇水，使土壤充分湿润但无积水。将处理好的种子用手轻压入土与土面平齐，上面盖一层0.5cm厚的薄土，再用塑料薄膜或适宜大小的塑料袋盖住盆口并固定，以达到保温保湿的作用。每钵播种10～20粒，在三叶期后根据盆钵大小，按每苗占盆面150～200cm²进行留苗，注意保留相对健壮和在盆钵里分布相对均匀的秧苗，将多余的秧苗拔除。

图4-8　盆钵放置位置（上左：庭院，上右：墙边，下：窗台）

育苗移栽方法：选择高度大于15cm的盆钵，装入菜园土，土层厚度约10cm，铺平，土面至盆钵边沿约5～7cm，分次浇水，使土壤湿润无积水为宜，将育秧盘按盆钵大小和形状修剪，并放入盆钵中轻压贴紧土面，秧盘孔穴中先装1/3润湿的菜园土，每孔播1粒种子，再覆土轻压与盘面平齐，然后用塑料薄膜盖住盆口并固定。选用育秧盘是为了播种均匀、起秧时根系损伤小，适合浅栽，缓苗时间短，每孔播1粒种子便于移栽盆内布局。

5.秧苗管理　种子立针后若温度超过35℃，揭膜降温，秧苗长至三叶或与盆钵边沿同高时揭膜。揭膜前保持秧盘土壤湿润，揭膜后保持1～2cm浅水层。二叶一心至三叶时用尿素兑水浇施，施用量以50kg/hm^{2}折算每盆施肥量。计算公式为：

每盆施肥量（g）=盆钵面积（m^2）×每公顷秧苗用肥量（kg）/10

第一次施肥量要少，以后每隔7d追一次肥，施肥量逐渐增加，每次施肥后保持浅水层，也可用其他花肥代替，按说明书用量施用。

6.移栽　四至五叶期移栽。准备菜园土，加入腐熟的有机肥和复合肥充分混合，用量与观叶型观赏稻底肥和耙面肥用量相同，将混合后的营养土装入每个盆钵，土面低于盆沿4～5cm，分次加入清水至土面上1～2cm，静置一会儿，栽秧苗时要浅，站稳即可，按每苗占盆面150～200cm^{2}确定每钵栽苗数量。秧苗分布参照图4-9。

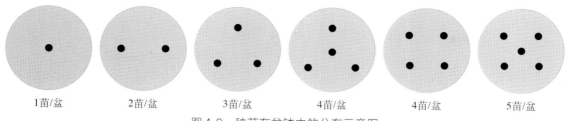

| 1苗/盆 | 2苗/盆 | 3苗/盆 | 4苗/盆 | 4苗/盆 | 5苗/盆 |

图4-9　秧苗在盆钵中的分布示意图

7.水肥管理

分蘖前中期：刚移栽的秧苗瘦小，应尽快促使秧苗生长和分蘖，使叶片覆盖土面而进入观赏期。水分管理上，应保持1～2cm浅水层，水浅易使土温升高，促进分蘖。肥料管理上，移栽后15d追施尿素，隔15～20d再追施一次。

分蘖后期-成熟：植株较高的观穗型稻株，在分蘖后期停止浇水，降低土壤含水量至土壤润湿，手轻压不沾泥，保持3～5d后再还水至浅水层，同时施用少量水溶性复合肥促进幼穗分化。中矮型稻株可不控水。对于观叶型稻株，应保持浅水层，不控水，并施用少量水溶性复合肥，延缓下部叶片衰老。同时可在抽穗扬花后剪去稻穗，促进茎基部分蘖发生。在秋季气温较高或放置在可调温的设施环境中的稻株，可进行第二次剪穗和剪茎。

8.病虫草害防治　家庭种植量少，出现黏虫可用镊子夹除，蚜虫可用肥皂液、辣椒液、大蒜液、烟液兑水喷洒，及时清理枯黄老叶，放置在阳光充足的通风处可预防病害。景观种植和设施种植面积大，可用药剂防治。发现杂草，及时人工拔除。

（四）观赏稻设施栽培技术

利用农业设施可人为调节观赏稻生长的环境条件，改变春种秋收的种植时间，调节光温水肥气，一年四季均能种植。一般水、气和肥条件容易满足，光照在大棚、玻璃温室内可以满足，但若是光线差的室内或是在多层生长架上种植，则需要人工补光，建议光照强度在20 000lx以上。温度条件一般日间28～30℃为宜，夜间在15℃以上，夏季晴天温度高于35℃时，应通风降温。

利用农业设施种植观赏稻可分为有土栽培和无土栽培。

有土栽培是种在设施内的土壤中或装有栽培土壤的容器里，在地上适合种植植株中高及以上的品种，在盆钵内种植中高及较矮的品种，种植技术与前面所述相同。

无土栽培包括固体基质栽培和水培，固体基质栽培适宜种植较矮的观叶、观穗和观株型品种，水培适宜种植较矮的观叶品种。栽培方法如下：

1.育苗　选用健康饱满的种子，采用土壤或育苗基质进行秧盘育苗，稻根盘在穴内便于定植。用土壤育苗方法同观叶型观赏稻种子处理、播种育秧栽培技术。用基质育苗，可根据基质种类在二叶一心至三叶期开始适当增加营养液的养分含量，以保证有充足的养分供秧苗生长。

2.栽培物资准备　为了充分利用设施空间和景观造型，观赏稻可进行管道栽培、柱状栽培、水池栽培、植物墙栽培等，因此在秧苗定植前根据需要作好栽培物资准备。

3.定植 当秧苗长到4～5叶时进行定植。管道栽培定植孔间距12～15cm，柱状栽培根据立柱粗细确定栽植穴数，水池栽培行距15cm，穴距12～15cm，因品种高矮和株型具体确定，植物墙栽培根据具体装置而定。

选用杯口直径5cm左右，深度5～8cm的定植杯，杯口有沿，以便卡在定植孔上，侧面和底部有镂空小格，供根系伸出并进入营养液。用土壤育苗，在秧苗装入定植杯前应先用水冲洗掉泥土，避免堵塞营养液管道，用基质育苗的可连带育苗基质一并移入定植杯中。定植前先移苗入杯，用聚氨酯或小石砾等固定幼苗，再放入定植孔。

4.营养液管理 营养液配方可使用专用配方，如国际水稻研究所水稻营养液配方，也可采用通用配方，如霍格兰和施奈德通用配方，还可购买配制好的营养液按说明稀释后使用。营养液pH在6.0左右，过高用H_2SO_4、HNO_3或H_3PO_4调节，过低用NaOH或KOH调节。电导率（EC值）在1.0mS/cm，营养液浓度过低时加入母液调节，浓度过高时加入清水稀释。当营养液浓度调整后，虽然EC值达到要求，但作物仍然生长不良时，应更换全部营养液。育秧期营养液浓度应较低，随着生育进程逐步增加浓度。

5.植株整理 及时清除下部枯叶。观叶型观赏稻在抽穗后进行剪穗，促进基部芽萌发产生新的分蘖，剪穗茎出现衰老迹象时，从基部剪除。

6.病虫害防治 在温室、大棚及室内种植水稻，因高温高湿，昼夜温差小，易发生蚜虫，一旦发现及时防治；水稻病害以预防为主，一旦发病将严重影响观赏。

Part 5

第五章 观赏稻发展与应用

观赏稻——亦花亦稻

观赏稻独特的观赏特性、可繁可简的栽植技术以及浓郁的田园情趣，在美丽乡村建设和园林景观中的应用必将越来越广泛。将观赏稻的实用性和观赏性结合起来，探索与农业休闲观光各要素的结合配置，营造返璞归真、回归自然的农业开发方式，对美丽乡村建设战略的实施、丰富园林景观、提高植物造景的物种多样性和农业科普教育等均具有重要的理论意义和实践应用价值。

一、观赏稻应用现状

目前，观赏稻应用最多的是稻田绘画。1993年，为了振兴当地经济，开发观光资源，受"麦田怪圈"启发，日本青森县南津轻郡田舍馆村开始作稻田画，题材涉及非常广泛，既有反映日本历史文化、神话人物和传说故事，如古代武将、悲母观音、不动明王、富士山和传说中的天女等，也有呈现外国元素的"稻田画"，包括电影《飘》，名画《蒙娜丽莎》，人物形象玛丽莲·梦露、拿破仑等。每年7月举办"稻田艺术节"，吸引来自日本各地乃至全球的游客到村庄一览巨幅稻田画作。百年农业传统与稻田艺术的融合为田舍馆村带来很可观的经济效益，日本各地的稻田绘画如雨后春笋般涌现。随后在亚洲有稻作生产的国家也先后有稻田绘画的报道，如在韩国忠清北道槐山郡有韩国传统乐器演奏者、玉兔捣药图、女孩荡秋千等的稻田画。

2010年以来，在我国沈阳沈北新区兴隆台锡伯族镇，广西省宾阳县古辣镇，广东省深圳华侨城光明小镇、茂名市、惠州市龙门县蓝田瑶族风情园，黑龙江五常市，湖南浏阳市古港镇梅田湖村，海南省三亚市南红农场，浙江湘家荡农业园区、仙居县双庙乡上料村，江苏省常州市曹山现代农业园区、苏州阳澄湖生态休闲旅游度假区、南京市江宁区汤山街道阜庄社区，上海市浦东川沙镇，台湾省苗栗县苑里镇云林县莿桐乡、台南市后壁区等地都有稻田绘画的报道，特别是近几年在全国各地相继出现的3D稻田画，将稻田绘画水平提升到了一个新的高度。国内目前参与过稻田艺术创作尝试的团队大约有200个，从事稻田艺术的公司大约有30多家，设计特色鲜明、图案制作精美、影响力较大的制作团队主要有两个：一个是深圳市凤翔文化传播有限公司，于2010年开始稻田艺术推广并申请注册了"稻田艺术"商标，2014年开始以稻田艺术项目为主营业务，是目前拥有成功案例最多、影响范围最广的专业稻田画制作公司；另一个是沈阳锡伯龙地创意农业产业有限公司，成立于2012年，公司精心打造了沈阳"稻梦空间"品牌，实现了农业嘉年华规划等多个项目，努力构建了"农业+旅游+科技+教育"的运营体系。此外2019年成立的苏州乐谷农业科技有限公司，打造的昆山尚明甸稻田艺术农业观光园，成为了江苏省极具代表性的特色现代观光农业和创意农耕研学基地。

除了稻田绘画，在日本有色的稻穗也常作为花卉在花店出售，或者将观赏水稻以盆栽或花艺形式作为装饰品。虽然我国有学者提出了观赏稻在园林景观、街头绿化、景观设计、小型盆栽和切花插花建议，但实际应用相关报道甚少。

二、发展观赏稻的制约因素和有利条件

（一）发展观赏稻的制约因素

1.人们对水稻的认识存有偏见 很多人对水稻的认识仍停留在粮食作物上，认为水稻就是种在水田里，种植水稻就是为了生产粮食，不是用来观赏的。这种认识不仅限制了水稻在新的农业产业模式中的作用，而且还制约了观赏稻的研究，导致相关的科研项目申请困难，研究经费缺乏。

2.观赏稻品种创新不足 国内将水稻归为粮食作物，水稻审定的主要指标是产量、品质、抗病虫、适应性，其中最主要的是产量指标，其他指标再好，其产量都不能低于对照品种的10%～15%，这就限制了观赏稻品种的审定，因为绝大多数观赏稻的产量都不及普通稻，而且某些观赏特性还与产量相悖，例如秕粒颖壳的颜色一般比实粒颖壳鲜艳，且保持鲜色的时间更长，这就决定了观赏稻很难通过水稻品种审定委员会的审定，而在园艺作物新品种审定中又没有"稻"这个作物，这就使观赏稻品种创新处于一种尴尬的境地，观赏稻品种审定办法的缺失阻碍了科技人员培育新品种的热情。事实上，观赏稻品种选育，颜色是极不易稳定的性状，需要更多的时间和经济成本，同时在观赏稻品种应用中也涉及到多种栽培技术的研究，这些无疑也大大增加了研发成本。因此，在科研经费短缺的情况下让人望而却步，造成观赏稻研发滞后。

3.市场局限性和季节性 以农业自然景观和农村自然环境、农耕文化等元素形成的观光休闲农业主要是为不了解、不熟悉农业生产和农村生活的城市游客服务的，其客源市场主要局限在城市居民和青少年，因此，项目经营者多是针对这部分市场开拓休闲服务项目。同时，尽管科学技术的发展使得农业生产依赖自然环境的程度日益弱化，但是气候、季节等自然条件仍然很大程度地影响到农业生产的进程，所以，依托农业资源展开的观光休闲农业也表现出强烈的季节性和周期性特征，使得在自然环境中种植的观赏稻在冬春季节观赏性缺失。

（二）观赏稻发展的有利条件

1.农业科技水平的提高为观赏稻发展奠定了基础 在粮食匮乏年代，水稻是重要的粮食作物，改革开放以后，随着农村生产力的解放，农业科技水平的提高，特别是三系杂交水稻育种等技术的诞生和应用，粮食产量有了大幅增加，粮食安全有了较好的保障。农业的发展正处于由传统农业向现代农业发展的转型时期，出现了一个多变的、丰富多彩的农业时代，回归自然、利用自然来构建生态农业模式已经初现，以观光休闲旅游科普多功能复合型现代农业已悄然凸显，这为观赏稻的发展奠定了坚实的基础。

2.国家政策的引导为观赏稻发展指明了方向 从2016年起，中央1号文件中多次提到"要大力发展休闲农业和乡村旅游，丰富乡村旅游业态和产品；深入挖掘继承创新优秀传统乡土文化，把保护传承与开发利用结合起来，赋予中华农耕文明新的时代内涵"，各地相继制定了推进一二三产业融合发展，拓展农业多种功能，发展农村文化创意，促进休闲农业和乡村旅游提档升级，农区向景区转变等措施。作为人们回归自然的一种主要生态旅游形式的乡村旅游和农业旅游应运而生和迅速发展，为了提升乡村旅游业的质量和档次，以观赏性水稻为代表的新元素加入势成必然。

3.城乡居民文化精神生活需求的提高为观赏稻发展注入了动力 随着经济社会的发展，人们在物质生活条件获得满足之后，对精神层面的需求也随之增加，对美好生活更加向往，大家已不再满足于司空见惯的树木花草和千篇一律的农村风光。而依托稻田、茶园、果园、花园、菜园等农业产业资源和农村特色民居与民俗文化，结合丘陵岗地、江河湖面、村庄庭院等开发利用，通过融入文化、科技等创意元素，打造农村生产生活生态的有机共同体，是培育乡村独特气质，使农村"更像农村"，留得住青山绿水，记得住乡情乡愁，满足人们对返璞归真、乡土情怀的精神文化需要。这为观赏稻的发展带来了机遇并提出了更高的要求。

4.现代科学技术的发展和应用为观赏稻发展提供了保障 随着科学技术的发展，科技改变了我们的生活，同样对观赏稻的发展也起到了促进作用。如通过卫星定位技术，提高了稻田画制作精度并减少了劳动量；农业设施的发展和应用，利用立柱、管道栽培和植物墙增加了观赏稻的立体景观造型，人工调节栽培环境打破了春种秋收的季节限制；分子育种技术将为观赏性状与优质高产性状结合带来希望，抗病虫转基因技术的安全利用可提高观赏价值。

5.科学知识的普及让观赏稻有了更广阔的市场空间 观赏稻是稻而不同于普通的稻，除了收获稻谷，还具有多彩的稻叶、斑斓的稻穗、飘逸的长芒、独特的株形，集粮食作物与观赏植物于一体。随着观赏稻知识的普及和现代文化传媒的宣传报道，观赏稻已被越来越多的人知晓，这将为观赏稻的发展开辟更广阔的市场空间。

三、观赏稻应用前景

1.乡村旅游和休闲观光的生力军 近十年来，我国各地相继出现稻田绘画，特别是2016和2017连续两年将"发展休闲农业和乡村旅游"写入中央1号文件，极大地鼓舞了一批有识之士投入到稻田艺术的创作之中，制作出了一幅幅精美的稻田图画，既将农业传统与稻田艺术巧妙融合，又将创意农业和休闲旅游相结合，体现了农业的观赏魅力，也体现了农业与时俱进的时代气息，吸引大量人群前去观赏旅游，在促进乡村旅游和休闲观光的同时也带动了当地经济的发展。因此，在今后较长的时期内，观赏稻都将是打造乡村旅游和休闲观光的生力军。

2.美化城乡环境 我们常见的景观多是用花、草、木制作，若用观赏稻制作景观就很有新意，加之观赏稻高矮胖瘦和色彩多样的观赏特性，既可独立成景，也能与其他植物搭配造景，既能水栽也能旱种的生长特点扩大了他的种植和使用范围。观赏稻生长速度快，景色变化丰富，既有静态的美，也有动态的美，叶、穗、株型均多姿多彩，且颇有田园野趣，极大地提升了观赏价值。观赏稻作为水生植物栽培，还能对富营养化水体起到净化作用，并且不会象水葫芦那样无节制漫延，适于湿地和水源保护地种植。观赏稻种植成本不高，栽培技术易掌握，也是其作为景观材料的优势之一。

在人们认识观赏稻之前，就有人用普通的绿色水稻制作景观，如2012年杭州市江干区庆春东路一个售楼处花坛里种的成片水稻，水稻当花"养"，颇具观赏价值，引得路人纷纷驻足；2005年沈阳建筑大学在校园里种植水稻，营造"稻田里的校园"；还有国内外一些公司将酒店修建在稻田中，如泰国清迈的文华东方酒店的所有建筑都坐落在面积广阔的稻田和数棵大树的绿茵之间。因此可以试想，若用五彩斑斓的观赏稻代替普通稻株，那将是何等的美丽！

3.城乡孩子学习体验劳动 随着城市化进程的推进，越来越多的人离开农村走进城镇，现在多数生活在城镇的青少年和儿童没有农作物的基本认知，与自然和植物亲近甚少，而通过家庭种植观赏稻或到城郊观赏稻园以及现代农业园区进行稻作体验，让孩子亲手种植和仔细观察了解稻的结构和生长，体验种植的辛劳和感受丰收的喜悦，同时也体味"粒粒皆辛苦"的来之不易，五彩斑斓和千姿百态的观赏稻也会刷新大多数人对稻的认知，这样可达到观赏和学习的双重目的。

4.扮靓家居 在人们的传统意识中，水稻属于大田粮食作物，与庭院（阳台）花卉似乎没有太大关联。现在庭院（阳台）花卉的种类已很多，将蔬菜作为观赏植物种植于庭院（阳台）的也不少，若能在庭院（阳台）种植观赏稻，不仅增加了庭院（阳台）植物种类，而且丰富了庭院（阳台）色彩和情趣，同时也让城市里的孩子在家里就能认识水稻。将不同穗型和颜色的稻穗组合，单独或者配以其他花卉制作插花，别具一格的饰品更能增添居室内的田园风气息（图5-1）。

图5-1 观赏稻扮靓家居

四、观赏稻应用创新

（一）制作高品质稻田艺术作品

观赏稻最大特色就是稻株颜色丰富，若将不同颜色的稻株错落有致地设计编排种植，就可绘制出各种色彩斑斓的图画，达到以稻田为依托，通过融入文化、科技、动漫等创意元素，打造农村生产和文化生活的有机共同体，将人工创意和自然景观相融合，艺术地展示美丽乡村。

1.我国稻田绘画发展历程　稻田绘画是农业和文化旅游相结合的一种新型方式，我国稻田绘画主要经历了三个阶段：

（1）2D稻田艺术发展阶段　2010—2013年，属于中国稻田绘画的萌芽阶段，期间稻田画作品多为平面图案，观赏者从平面看到的是变形的画面（图5-2左），需要从高空俯视才能看到完美的图画（图5-2右）。

图5-2　2D稻田画——小蜜蜂（左：平视画面，右：俯视画面）
注：图片由深圳凤翔文化传播有限公司提供。

（2）3D稻田艺术阶段　2014—2017年，通过技术改进，将设计的平面图案转换为3D稻田图案；在秧苗移栽前采用卫星定位技术将设计好的图案在田间进行画面定位，再根据画面需要，将各色秧苗移植在相应位置，然后在适宜方位搭建具一定高度的观景台，站在观景台上就能观赏到一幅幅生动立体的画面（图5-3），稻田画视觉效果得到了极大提升。

图5-3　"稻田艺术"3D作品——福娃
注：图片由深圳凤翔文化传播有限公司提供。

（3）高精度稻田艺术创作阶段　通过制作技术的不断改进，在2018年完成了中国特有的超写实技法尝试，在画面精细度和题材内涵上有了更多的提升（图5-4）。同时，国内部分科研机构和高校开始了稻田艺术插秧机器人的研发工作，中国的稻田艺术创作手段和技法已经走到世界前列。

图5-4　"稻田艺术"3D精美稻田画（上：牡丹亭，中：炮龙，下：蒙娜丽莎）
注：图片由深圳凤翔文化传播有限公司提供。

2.提升稻田绘画品质建议　如何充分利用观赏稻观赏特性，提升稻田画品质，可从以下几个方面改进。

第一，制作变色稻田画。利用叶色的渐变特性，在各个生长时期，呈现出不同色彩的画面；利用叶穗色彩的差异，抽穗前和抽穗后分别呈现出迥然不同的图案，如利用叶色相同穗色不同的品种和叶色不同穗色相同的品种，通过精心设计，在水稻生长过程中，使一些画面发生改变，产生出新的图案。

第二，多色彩绘制稻田画。现在的稻田画虽然由最初的绿和褐2色到绿、黄、褐3色，再到绿、黄、褐、白4色，后又逐渐加入了黑、橙、紫、红等颜色，但一幅高品质的图画，这几色还不够，还需加入更多的颜色，让色彩更丰富。

第三，运用渐变色提升画面层次感。现在的稻田画图案色泽之间对比差异大，颜色渐变很少，导致图案立体感不够强，画面不够细腻。如果巧妙地运用同色系不同深浅颜色，如不同叶白比、不同深浅的紫褐色、不同深浅的粉色和红色等，必将使稻田画作品质量得到大幅提升。

当然，要做到这些改进，首先要具有以上要求的观赏稻品种，这也给科研人员提出了更高的育种要求，需要培育出更多色彩各异的观赏稻新品种，为提升稻田画品质奠定基础。

（二）景观制作新素材

水稻景观设计主要是用现代景观设计的手法将水稻引入园林景观中，使大田稻作既有生产功能，又能满足美育、文化及农业劳动教育等功能。观赏稻具有传统农耕元素和园艺植物一样的鲜艳色彩，不仅可以充分利用绿化空间发挥水稻最初的产粮功能，还可以用来观赏，是一种新兴的园林植物素材。利用观赏稻色彩差异进行多色组合，利用高矮胖瘦不同株型组合或与其他景观植物搭配，能构造出多种立体景观。同时，水稻适应能力强，水作、旱作、盆栽以及无土栽培皆可。将观赏稻生态特性和观赏特性与园林要素结合配置，可提高观赏稻园林应用水平，这对于丰富园林景观、提高植物造景的物种多样性和城市园林绿化水平以及青少年科普教育、回归自然等均具有重要的应用价值。

1.水上浮床种稻造景　在湖泊近岸区或浅水区以及鱼塘等水域用人工浮床种植观赏稻，制作生态浮岛景观，在达到观赏目的的同时，还能解决水地相争的矛盾并净化水质，还可形成立体种养模式，更适合乡村休闲观光观赏与吃玩融合。选择抗倒伏性强的中秆或矮秆品种，可独立成景，也可与其他水生植物搭配造景，与平静的水面形成强烈的对比，在其高度、色泽、质地、动态甚至声音方面都能起到良好的景观效果。在制作上要注意选择浮力大、质地轻且不污染水质的材料板为浮体，在浮体上按行株距要求打制固植孔，所用的栽培基质也应无污染，并作好浮床之间的拼接和在水域上的固定，不能任其四处漂游。

2.湿地和浅水区美化造景　观赏稻作为一种水生植物，有利于缓解日益严重的水体富营养化，同时粗糙的叶面可以有效的吸收各种灰尘、汽车尾气，有助于净化都市环境，因此，在湿地、小河、溪水边种植造景，既可以达到美化自然环境的作用，还没有突兀感。可选择不同株型的品种组合进行种植，也可选择不同颜色的品种，营造出立体自然、色彩丰富的近水景观。此外，观赏稻成熟后的稻谷是很多野生鸟类喜爱的食物，可以吸引鸟类栖息繁殖，维护城市湿地、园林绿地的生物多样性。

3.陆地种植造景　观赏稻也可像其他花卉植物一样种植于街道、公园、单位、酒店、休闲农庄等。在土壤水分充足的地方可直接种植在地上，在水分较少的地方可种植在盆钵中。在景观制作上，可根据需要选择不同颜色和株型的观赏稻品种，既可当主角，也可当配角，不仅可以覆盖地面，还能凸显观赏稻的观赏特性，营造出别具一格的浓郁田园气息景观效果。需要注意的是，在旱地种植时，水稻分蘖力会减弱，植株高度也会降低，所以应适当增加种植密度并注意品种类型的选择。

4. 利用现代农业设施造景　现代农业观光园区作为都市农业的一种表现形式，是在特定范围内，采用新技术生产手段和管理方式，集精品农业生产、科普教育和休闲娱乐为一体的场所，园区利用种植的作物、饲养的动物以及配备的设施，如特色植物、奇异植物、农耕设施栽培展示等，为城乡居民营造一个休闲观光之处。目前多种园艺植物和农作物在园区都有种植，也包括水稻，但普通水稻过于普遍。如果选用观赏稻则会大大增强水稻的观赏性，拓宽水稻应用途径。如利用70cm以下的矮秆观赏稻制作植物墙、柱、架等立体景观，还可进行水培和雾培，既丰富了园区内的植物种类，又另有一番独特风韵（图5-5）。

图5-5　西昌学院现代农业馆观赏稻无土栽培景观

（三）休闲园区新成员

休闲体验园区是一种兼具休闲和体验功能的综合性休闲农业园区，是久居城市的人们寻找乡村记忆健康休闲体验的一种开发方式。近年来，国内陆续出现了多处以水稻为主题的休闲体验园，如海南三亚的"水稻国家公园"、江西省万年县的"中国万年国际稻米城"、黑龙江省绥化市庆安县的"稻作文化公园"、沈阳锡伯龙地创意农业产业园的"稻梦空间"、江苏昆山尚明甸的"稻田艺术农业观光园"、广西宾阳古辣镇的"农耕研学休闲观光园"等等。园区将稻田艺术、稻耕文化、稻草工艺、特种稻米及加工产品等进行融合，将看、学、玩、吃、购等集于一体，形成稻作旅游产业。目前在这类产业中，观赏稻的利用只有稻田绘画，人们只能在远处观赏，却不能近距离接触观赏稻，感到美中不足。可通过园区规划设计，尽可能多地将观赏稻集中规划种植，种类有观叶的、观穗的、观株形的；颜色有红的、紫的、黄的、白的、粉的、褐的、橙的、黑的；株型有飘逸的、挺拔的、丰盈的、纤秀的……让游客能充分认识和感叹观赏稻的美，同时让青少年更方便直观地观察到水稻的结构和生长，体验农事活动，学习课堂上学不到的知识，而且在园区里沟边路边、庭院广场也可用观赏稻制作或简或繁的创意景观来装扮，让游客时刻置身于观赏稻中，时时观稻，处处闻香，直至游玩后仍意犹未尽，独特的盆栽稻、别具一格的水稻工艺品、园内种植的特种稻米、观赏稻做成的画册和明信片都会成为游客带回去的纪念品。

（四）园艺植物新靓点

1.用于庭院阳台花卉种植 将不同颜色和株形特异的观赏稻作为花卉种植，其散发的美独具魅力。在庭院种植可进行盆栽或水池栽培，植株高矮和株形不受限制，可单独一个品种，也可多个品种搭配制作小景观。盆栽水稻也不局限于家居，在办公室、会议室、展览场馆内、单位楼宇前后都可放置（图5-6），也可作为室外场地分隔的绿植，美观又灵活。

图5-6　放置在不同地点的盆栽观赏稻

在家居庭院种植时，为避免观赏稻长期处于弱光照环境，可由花卉公司将观赏稻培育到分蘖中期，再移栽到家居庭院种植；观叶型在水稻抽穗杨花后剪去稻穗，既可避免稻株在弱光环境下由于茎秆过于柔嫩导致折断，又可促进稻株再生分蘖，延长水稻观赏时间。如果在阳台（窗台）种植，应选择中、矮型品种。

2.用于切花和插花 观赏水稻既可作为景观栽培，又可制作插花和干花。用观赏稻鲜穗和稻叶制作插花，可在抽穗至灌浆初期之间，距离地面20cm左右带茎叶剪下，保留部分叶片，根据花瓶大小、穗长和穗形决定稻茎长度，颜色随意搭配，也可添加其他花卉，用透明的花瓶插花效果较好（图5-7）。注意勤换水，并放在光线明亮的地方，能照射到阳光更好，同时注意剪除卷筒和变黄的稻叶。用观赏稻制作干花，一是将稻穗在灌浆前剪下，去除叶片保留叶鞘以增加茎秆硬度，平放晾干，稻穗干后除白色颖壳外，其他部位颜色都会变淡呈不同深浅的紫色或黄色（图5-8），干穗插瓶应放于室内，避免阳光照射。稻穗颜色随着时间推延将会逐渐退色，一段时间后可用药剂处理，能够部分恢复红色色彩（图5-9，图5-10）。二是将稻草用其他色素浸染以形成更丰富的色彩，或用于其他饰品的点缀。

图5-7 用鲜穗和叶作瓶插花卉

图5-8 干稻穗

图5-9 鲜穗、干穗和复色穗

图5-10 复色干穗

参考文献

蔡光泽, 2005. 日本观赏水稻的育种及栽培应用 [J]. 西昌学院学报 (自然科学版), 19(1):12-14.

陈丹, 戴红燕, 丁鑫, 等, 2019. 同异分析法对引进色稻在凉山州适应性评价 [J]. 种子, 38(7): 85-90.

陈青, 卢芙萍, 徐雪莲, 2010. 水稻叶色突变体研究进展 [J]. 热带生物学报, 1(3):269-281.

陈青云, 李成华, 陈贵林, 等, 2001. 农业设施学 [M]. 北京 : 中国农业大学出版社 :3-84.

程式华, 李建, 2007. 现代中国水稻 [M]. 北京 : 金盾出版社 .

戴红燕, 华劲松, 2020. 对观赏稻的认识和思考 [J]. 作物杂志 (4):1-8.

戴红燕, 华劲松, 2021. 观赏稻彩云和紫微的观赏特性 [J]. 种子, 40(3):68-71.

戴红燕, 华劲松, 蔡光泽, 2020. 几个紫叶稻品种观赏性分析及应用建议 [J]. 种子, 39(7):64-72.

戴红燕, 华劲松, 蔡光泽, 等, 2006. 凉山州高原粳稻开花习性研究 [J]. 种子, 25(6):14-18.

戴红燕, 华劲松, 蔡光泽, 等, 2020. 观赏稻白拂和绿叶红妆的观赏特性 [J]. 西昌学院学报 (自然科学版), 34(2):4-5, 103.

戴红燕, 华劲松, 蔡光泽, 等, 2020. 观赏稻新品种紫云和玉叶红妆 [J]. 现代园艺, 43(15):60-61.

邓国富, 2007. 水稻紫叶性状遗传和基因定位的研究 [D]. 南宁 : 广西大学 .

范晶, 吴苗苗, 廖敏, 等, 2018. 三种水稻的生物学特性与观赏组合潜力评估 [J]. 分子植物育种, 16(3):966-971.

方浩俊, 周锡跃, 2015. 观赏稻在园林景观中的应用分析 [J]. 中国稻米, 21(3):28-30.

高丽红, 别之龙, 2017. 无土栽培学 [M]. 北京 : 中国农业大学出版社 .

韩龙植, 魏兴华, 2006. 水稻种质资源数据质量标准 [S]. 北京 : 中国农业出版社：10-119.

何颖红, 2011. 两个水稻叶色突变体的鉴定和基因定位 [D]. 北京 . 中国农业科学院 .

黄春毓, 李伟荣, 何章飞, 等, 2019. 籼型紫色两系杂交稻坤两优 3 号的选育与应用 [J]. 种子, 38(4):120-123.

黄萌, 王建平, 乔中英, 等, 2013. 部分观赏水稻材料的农艺性状比较 [J]. 农业科技通讯 (6): 52-54.

黄友明, 卢其能, 张双艳, 2009. 观赏紫稻花色苷含量和稳定性的研究 [J]. 北方园艺 (2):108-110.

李春龙, 叶少平, 贺阳冬, 等, 2010. 8 份特色水稻材料在四川地区的农艺性状比较研究 [J]. 安徽农业科学, 38(9):4475-4476.

李育红, 王宝和, 戴正九, 等, 2011. 一个水稻损伤诱导型叶色突变体的发现及其特性研究 [J]. 扬州大学学报 : 农业与生命科学版, 32(3):37-41.

李自超, 2013. 中国稻种资源及其核心种质研究与利用 [M]. 北京: 中国农业大学出版社.

刘贵富, 吴跃进, 许霞, 等, 1996. 诱发温度敏感型水稻叶色突变体的研究 [J]. 安徽农业科学 (1): 16-19.

欧立军, 2010. 水稻叶色突变体叶绿体发育规律研究 [J]. 西北植物学报, 30(1):85-92.

潘学彪, 陈宗祥, 董桂春, 等, 1995. 一种紫色水稻的遗传及其在光敏不育系育种中应用的研究 [J]. 遗传, 17(3):31-34.

彭长连, 林植芳, 林桂珠, 等, 2006. 富含花色素苷的紫色稻叶片的抗光氧化作用 [J]. 中国科学C辑生命科学, 36(3):2019-216.

浦田惠子, 潘燕, 赵元凤, 等, 2018. 彩色稻新品种(组合)试验种植结果初报 [J]. 北方水稻, 48(4): 19-23.

邵源梅, 李少明, 李华慧, 等, 2018. 彩色稻籽粒蛋白质含量在单株间的变异及分布 [J]. 西南农业学报, 31(7):1329-1332.

石帮志, 孙灿慧, 2002. 贵州紫香稻紫色性状的遗传规律及其在育种中的应用初探 [J]. 种子 (2): 29-30.

滝田正, 2001. 観賞用イネ育成の現状と展望 [J]. 農業および園芸, 76(5):551-556.

孙灿慧, 石邦志, 阮仁超, 等, 1997. 水稻紫节性状的遗传及利用研究 [J]. 种子 (3):72-73, 80.

王久兴, 2011. 图解蔬菜无土栽培 [M]. 北京: 金盾出版社.

王军, 王宝和, 周丽慧, 等, 2006. 一个水稻新黄绿叶突变体基因的分子定位 [J]. 中国水稻科学. 20(5):455-459.

王立丰, 2007. 不同叶色株型和早衰水稻突变体功能的研究 [D]. 北京: 中国农业科学院.

王强, 梁天锋, 唐茂艳, 等, 2014. 紫叶稻功能叶光合特征研究 [C] // 2014 年中国作物学会学术年会论文摘要集:122-123.

王思羽, 2014-5-15. 苦心研究 20 年台湾嘉义推出新品种彩色稻子 [N/OL]. 中国台湾网, http://www. taiwan. cn/ Taiwan/jsxw/201405/t20140516_6167056. htm.

王艳平, 汤陵华, 方先文, 2008. 观赏水稻材料的筛选及干花的制作 [J]. 现代农业科技 (10): 102, 105.

王洋, 2015. 水稻黄绿叶突变体 505ys 和穗退化突变体 6642 的遗传分析与基因定位 [D]. 成都: 四川农业大学.

魏云华, 郑长林, 林清, 等, 2007. 水稻的园林景观绿化应用初探 [J]. 福建稻麦科技, 25(2):44-46.

吴军, 陈佳颖, 赵剑, 等, 2012. 2 个水稻温敏感叶色突变体的光合特性研究 [J]. 中国农学通报, 28(2):16-21.

吴强, 2018. 水稻稻田画的简易制作技法 [J]. 粮油作物 (1):6-7.

夏英武, 吴殿星, 舒庆尧, 等, 1996. 水稻辐射白色转绿突变系的遗传及叶绿体超微结构的分析 [J]. 核农学通报, 17(1)1-4.

谢成林, 唐建鹏, 姚义, 等, 2019. 彩色稻新品种(系)农艺性状比较与分析 [J]. 中国稻米, 25(5): 87-92.

谢玲娟, 陈昊钦, 袁自成, 等, 2019. 不同彩色稻品种(系)农艺性状和品质性状的比较分析 [J]. 河南农业科学, 48(6):36-45.

杨刚华, 陈海含, 王艳红, 等, 2014. 娄底市 2013 年彩色稻新品种比较试验初报 [J]. 作物研究 28(2):141-142.

杨文钰, 屠乃美, 2003. 作物栽培学各论 [M]. 北京: 中国农业出版社:5-63.

余显权, 赵福胜, 2002. 紫绿叶稻与 F_1 光合色素的差异及其产量的关系 [J]. 贵州大学学报(农业与生物科学版), 21(1):6-10.

余显全,吴平理,赵福胜,等,2003.隐性紫叶水稻的改良及其应用探讨[J].贵州农业科学,31(3):3-6.

曾大力,钱前,朱旭东,等,1997.紫叶稻遗传的特异性及其在诱导孤雌生殖中的价值[J].作物品种资源(4):5-7.

张红林,程建峰,刘跃清,等,2010.白化转斑叶籼型水稻不育系高光A的创制及特征特性[J].中国水稻科学,24(6):587-594.

张卫东,方海兰,张德顺,等,2008.城市绿化景观观赏性的心理学研究[J].心理科学,31(4):823-826.

张文绪,2005.稻艺——水稻的微观世界[M].北京:科学出版社.

张现伟,李经勇,唐水群,等,2016.观赏性水稻的研究及应用[J].分子植物育种,14(3):760-764.

赵福胜,余显权,2000.紫叶稻与绿叶稻杂种F_1产量优势分析[J].种子,109(3):51-53.

赵则胜,2007.特种稻研究与利用[J].北方水稻(6):1-6.

赵则胜,赖来展,郑金贵,1995.中国特种稻[M].上海:上海科学技术出版社.

朱丽娟,戴红燕,彭秋,等,2017.光照条件对紫叶观赏稻生长的影响[J].西昌学院学报(自然科学版),31(4):17-20.

Nagato Y,1998. Report of the committee on gene symbolization, nomenclature and linkage groups[J]. Rice Genetics Newsletter, 15:13-74.